# 計算せんもんドリル

## 2年

JN132640

| 2年 | 組 |
| --- | --- |

## 特色と使い方

● このドリルは、計算力を付けるための計算問題をせんもんにあつかったドリルです。

● 教科書ぴったりトレーニングに、このドリルの何ページをすればよいのかが書いてあります。教科書ぴったりトレーニングにあわせてお使いください。

教科書ぴったり
トレーニングの
ここを 見てね

## 🐾 もくじ 🐾

# 1 100までの たし算の ひっ算①

**1** つぎの たし算の ひっ算を しましょう。

月　　　日

①　 5 7
　+4 1

②　 2 2
　+6 4

③　 1 3
　+7 8

④　 2 5
　+4 7

⑤　 2 9
　+2 7

⑥　 4 8
　+3 8

⑦　 2 8
　+3 0

⑧　 4 4
　+4 6

⑨　 4 8
　+　5

⑩　　　 4
　+5 5

**2** つぎの たし算を ひっ算で しましょう。

月　　　日

① 17+64

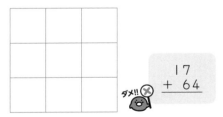

ダメ!!
```
  17
+ 64
```

② 46+18

③ 21+6

ダメ!!
```
 21
+6
```

④ 8+42

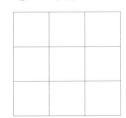

**1** つぎの たし算の ひっ算を しましょう。 | 月 日

① 　32
　＋33

② 　22
　＋56

③ 　27
　＋36

④ 　32
　＋19

⑤ 　46
　＋26

⑥ 　18
　＋37

⑦ 　27
　＋60

⑧ 　47
　＋33

⑨ 　61
　＋　4

⑩ 　　9
　＋71

**2** つぎの たし算を ひっ算で しましょう。 | 月 日

① 57＋12

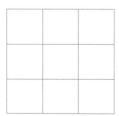

② 66＋24

③ 69＋5

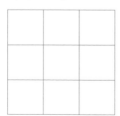

④ 3＋79

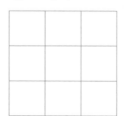

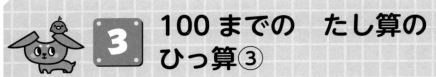

# 3 100までの たし算の ひっ算③

**1** つぎの たし算の ひっ算を しましょう。

月　　日

① 　58
　+11

② 　23
　+73

③ 　19
　+39

④ 　35
　+56

⑤ 　58
　+34

⑥ 　36
　+59

⑦ 　70
　+26

⑧ 　31
　+49

⑨ 　16
　+ 7

⑩ 　　5
　+49

**2** つぎの たし算を ひっ算で しましょう。

月　　日

① 68+16

② 54+38

③ 63+7

④ 4+52

# 4 100までの ひき算の ひっ算①

★ できた もんだいには、
「た」を かこう！

**1** でき **2** でき

**1** つぎの ひき算の ひっ算を しましょう。

| 月 | 日 |
|---|---|

①
```
  5 6
- 3 3
```

②
```
  6 8
- 5 0
```

③
```
  8 9
- 8 3
```

④
```
  3 7
-   6
```

⑤
```
  3 6
- 1 7
```

⑥
```
  9 3
- 6 8
```

⑦
```
  6 1
- 3 4
```

⑧
```
  5 2
- 2 9
```

⑨
```
  4 0
- 2 4
```

⑩
```
  3 3
-   4
```

**2** つぎの ひき算を ひっ算で しましょう。

| 月 | 日 |
|---|---|

① 72－53

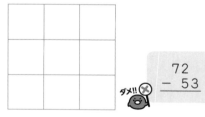

② 81－79

③ 60－32

④ 56－8

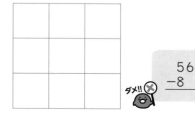

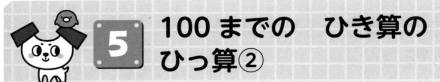

# 5 100までの ひき算の ひっ算②

★ できた もんだいには、
「た」を かこう!

でき 1 ○　でき 2 ○

**1** つぎの ひき算の ひっ算を しましょう。

月　　日

① 　 8 7
　 － 2 4

② 　 7 3
　 － 1 3

③ 　 6 9
　 － 6 0

④ 　 4 8
　 －　 5

⑤ 　 7 4
　 － 3 6

⑥ 　 6 8
　 － 4 9

⑦ 　 9 2
　 － 3 7

⑧ 　 7 5
　 － 4 6

⑨ 　 2 1
　 － 1 7

⑩ 　 3 0
　 －　 2

**2** つぎの ひき算を ひっ算で しましょう。

月　　日

① 96－47

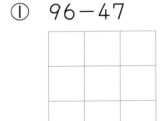

② 61－55

③ 40－31

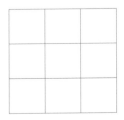

④ 92－5

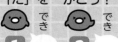
**1** つぎの ひき算の ひっ算を しましょう。

月　日

① 　5 9
　 −4 4

② 　9 6
　 −2 0

③ 　7 1
　 −6 1

④ 　5 6
　 −　5

⑤ 　6 5
　 −3 7

⑥ 　9 3
　 −1 9

⑦ 　7 5
　 −1 6

⑧ 　3 3
　 −1 5

⑨ 　3 2
　 −2 6

⑩ 　3 7
　 −　9

**2** つぎの ひき算を ひっ算で しましょう。

月　日

① 92−69

② 97−88

③ 80−78

④ 50−4

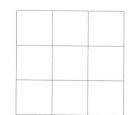

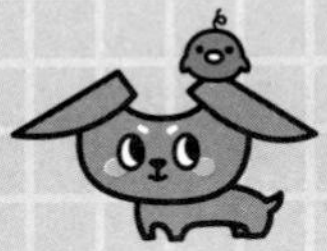

**7** 何十の 計算

**1** つぎの 計算を しましょう。

月　　日

① 80＋50＝☐

② 40＋90＝☐

③ 60＋60＝☐

④ 90＋80＝☐

⑤ 50＋70＝☐

⑥ 90＋20＝☐

⑦ 70＋80＝☐

⑧ 30＋80＝☐

⑨ 60＋90＝☐

⑩ 90＋50＝☐

**2** つぎの 計算を しましょう。

月　　日

① 120－80＝☐

② 140－50＝☐

③ 150－90＝☐

④ 140－70＝☐

⑤ 110－40＝☐

⑥ 130－80＝☐

⑦ 170－80＝☐

⑧ 120－30＝☐

⑨ 180－90＝☐

⑩ 130－90＝☐

# 8 何百の 計算

**1** つぎの 計算を しましょう。　　　月　　日

① 600＋200＝ ☐

② 300＋600＝ ☐

③ 100＋700＝ ☐

④ 200＋300＝ ☐

⑤ 500＋200＝ ☐

⑥ 300＋400＝ ☐

⑦ 700＋200＝ ☐

⑧ 400＋500＝ ☐

⑨ 800＋100＝ ☐

⑩ 500＋500＝ ☐

**2** つぎの 計算を しましょう。　　　月　　日

① 500－100＝ ☐

② 900－600＝ ☐

③ 300－200＝ ☐

④ 800－300＝ ☐

⑤ 600－500＝ ☐

⑥ 900－200＝ ☐

⑦ 700－100＝ ☐

⑧ 800－400＝ ☐

⑨ 900－500＝ ☐

⑩ 1000－700＝ ☐

# 9 たし算の あん算

## 1 つぎの たし算を しましょう。

月　　日

① 11＋9 = ☐　　② 34＋6 = ☐

③ 55＋5 = ☐　　④ 64＋6 = ☐

⑤ 43＋7 = ☐　　⑥ 26＋4 = ☐

⑦ 89＋1 = ☐　　⑧ 27＋3 = ☐

⑨ 72＋8 = ☐　　⑩ 59＋1 = ☐

## 2 つぎの たし算を しましょう。

月　　日

① 15＋6 = ☐　　② 26＋9 = ☐

③ 57＋8 = ☐　　④ 74＋9 = ☐

⑤ 37＋7 = ☐　　⑥ 24＋7 = ☐

⑦ 83＋9 = ☐　　⑧ 59＋5 = ☐

⑨ 45＋8 = ☐　　⑩ 68＋4 = ☐

# 10 ひき算の あん算

★ できた もんだいには、
「た」を かこう！

でき 1 ○ でき 2 ○

**1** つぎの ひき算を しましょう。　月　日

① 20−7=〔　〕　② 80−2=〔　〕

③ 40−9=〔　〕　④ 70−5=〔　〕

⑤ 50−3=〔　〕　⑥ 60−6=〔　〕

⑦ 30−1=〔　〕　⑧ 90−8=〔　〕

⑨ 40−5=〔　〕　⑩ 20−4=〔　〕

**2** つぎの ひき算を しましょう。　月　日

① 25−8=〔　〕　② 33−4=〔　〕

③ 72−6=〔　〕　④ 47−8=〔　〕

⑤ 52−3=〔　〕　⑥ 36−9=〔　〕

⑦ 65−6=〔　〕　⑧ 78−9=〔　〕

⑨ 82−7=〔　〕　⑩ 31−4=〔　〕

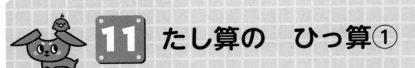

**1** つぎの たし算の ひっ算を しましょう。

| 月 | 日 |
|---|---|

① 
```
  43
+ 71
```

② 
```
  54
+ 65
```

③ 
```
  80
+ 67
```

④ 
```
  23
+ 84
```

⑤ 
```
  38
+ 95
```

⑥ 
```
  73
+ 89
```

⑦ 
```
  29
+ 99
```

⑧ 
```
  74
+ 36
```

⑨ 
```
  12
+ 89
```

⑩ 
```
   5
+ 97
```

**2** つぎの たし算を ひっ算で しましょう。

| 月 | 日 |
|---|---|

① 76+57

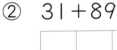

```
  76
+ 57
  123
```
ダメ!!

② 31+89

③ 67+35

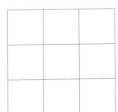

④ 95+6

**1** つぎの　たし算の　ひっ算を　しましょう。

| 月 | 日 |

① 　98　
　+21

② 　82　
　+36

③ 　40　
　+71

④ 　74　
　+33

⑤ 　47　
　+84

⑥ 　93　
　+28

⑦ 　85　
　+39

⑧ 　81　
　+49

⑨ 　17　
　+86

⑩ 　98　
　+　4

**2** つぎの　たし算を　ひっ算で　しましょう。

| 月 | 日 |

① 67＋87

② 68＋42

③ 59＋49

④ 6＋97

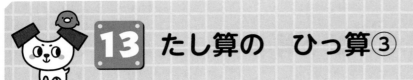

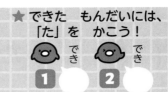

**13 たし算の ひっ算③**

★ できた もんだいには、「た」を かこう！
1 ⚪︎ でき 2 ⚪︎ でき

**1** つぎの たし算の ひっ算を しましょう。

月　　日

① 
```
  8 1
+ 3 7
```

② 
```
  8 1
+ 7 5
```

③ 
```
  9 9
+ 5 0
```

④ 
```
  8 7
+ 2 2
```

⑤ 
```
  6 9
+ 6 5
```

⑥ 
```
  8 5
+ 3 8
```

⑦ 
```
  6 8
+ 7 5
```

⑧ 
```
  9 2
+ 3 8
```

⑨ 
```
  8 7
+ 1 6
```

⑩ 
```
    4
+ 9 9
```

**2** つぎの たし算を ひっ算で しましょう。

月　　日

① $57+69$

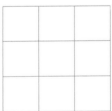

② $77+73$

③ $66+38$

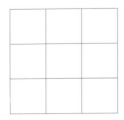

④ $93+8$

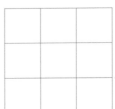

# 14 たし算の ひっ算④

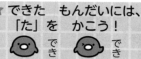

★ できた もんだいには、「た」を かこう!

**1** つぎの たし算の ひっ算を しましょう。　　月　日

```
①    74        ②    91        ③    90        ④    72
    +41            +81            +33            +35
```

```
⑤    66        ⑥    78        ⑦    82        ⑧    95
    +56            +63            +49            +45
```

```
⑨    59        ⑩    97
    +46            + 7
```

**2** つぎの たし算を ひっ算で しましょう。　　月　日

① 37+84

② 64+36

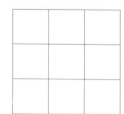

③ 87+15

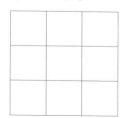

④ 9+93

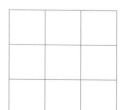

# 15 たし算の ひっ算⑤

**1** つぎの たし算の ひっ算を しましょう。

月　　日

① 
```
  73
+ 55
```

② 
```
  54
+ 92
```

③ 
```
  58
+ 70
```

④ 
```
  20
+ 89
```

⑤ 
```
  66
+ 58
```

⑥ 
```
  94
+ 59
```

⑦ 
```
  35
+ 97
```

⑧ 
```
  87
+ 13
```

⑨ 
```
  49
+ 55
```

⑩ 
```
   5
+ 99
```

**2** つぎの たし算を ひっ算で しましょう。

月　　日

① 84＋68

② 62＋78

③ 35＋66

④ 96＋8

# 16 ひき算の　ひっ算①

**1** つぎの　ひき算の　ひっ算を　しましょう。

月　日

①
```
  1 1 7
-   5 5
```

②
```
  1 2 2
-   3 1
```

③
```
  1 7 8
-   8 8
```

④
```
  1 0 6
-   9 3
```

⑤
```
  1 5 4
-   8 8
```

⑥
```
  1 7 3
-   9 9
```

⑦
```
  1 6 1
-   9 5
```

⑧
```
  1 0 3
-   5 4
```

⑨
```
  1 0 5
-   9 7
```

⑩
```
  1 0 0
-     6
```

**2** つぎの　ひき算を　ひっ算で　しましょう。

月　日

① 1 3 2 − 8 4

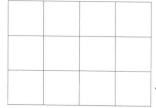

ダメ!!
```
  1 3 2
-   8 4
    5 8
```

② 1 0 2 − 8 5

③ 1 0 6 − 8

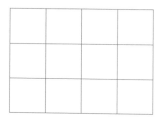

④ 1 0 0 − 7 2

# 17 ひき算の ひっ算②

**1** つぎの ひき算の ひっ算を しましょう。

```
①    1 3 9     ②    1 4 5     ③    1 4 2     ④    1 0 2
   -   6 8        -   8 0        -   8 2        -   3 1
```

```
⑤    1 5 1     ⑥    1 1 7     ⑦    1 3 3     ⑧    1 0 5
   -   7 3        -   6 8        -   6 4        -     7
```

```
⑨    1 0 2     ⑩    1 0 0
   -   9 6        -   5 3
```

**2** つぎの ひき算を ひっ算で しましょう。

① 141-87

② 108-29

③ 104-48

④ 100-7

# 18 ひき算の ひっ算③

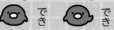

**1** つぎの ひき算の ひっ算を しましょう。

月　　日

```
①    1 2 4       ②    1 1 3       ③    1 1 9       ④    1 0 3
   −    3 3         −    4 1         −    2 9         −    2 2
```

```
⑤    1 1 5       ⑥    1 3 1       ⑦    1 3 6       ⑧    1 0 2
   −    3 8         −    7 7         −    8 9         −    4 6
```

```
⑨    1 0 6       ⑩    1 0 0
   −    9 8         −      3
```

**2** つぎの ひき算を ひっ算で しましょう。

① 1 2 1 − 7 2

② 1 0 6 − 1 8

③ 1 0 2 − 5

④ 1 0 0 − 1 4

**19** ひき算の ひっ算④

★ できた もんだいには、
「た」を かこう！
1 でき
2 でき

**1** つぎの ひき算の ひっ算を しましょう。

月　　日

① 159 − 87

② 123 − 60

③ 141 − 81

④ 108 − 27

⑤ 112 − 39

⑥ 115 − 28

⑦ 151 − 65

⑧ 104 − 6

⑨ 103 − 99

⑩ 100 − 85

**2** つぎの ひき算を ひっ算で しましょう。

月　　日

① 146−97

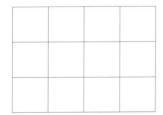

② 108−39

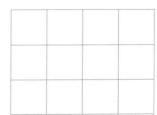

③ 101−53

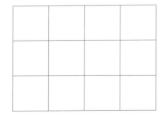

④ 100−2

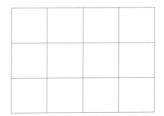

# 20 ひき算の ひっ算⑤

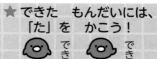
**1** つぎの ひき算の ひっ算を しましょう。

①
```
  1 3 8
-   5 4
```

②
```
  1 3 5
-   9 3
```

③
```
  1 2 4
-   3 4
```

④
```
  1 0 6
-   5 5
```

⑤
```
  1 5 5
-   7 6
```

⑥
```
  1 2 6
-   4 8
```

⑦
```
  1 3 1
-   7 4
```

⑧
```
  1 0 7
-   5 8
```

⑨
```
  1 0 4
-   9 5
```

⑩
```
  1 0 0
-     5
```

**2** つぎの ひき算を ひっ算で しましょう。

① 122－45

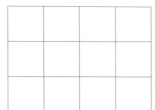

② 103－69

③ 103－4

④ 100－93

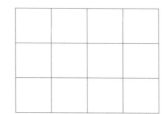

**21** 3けたの 数の
たし算の ひっ算

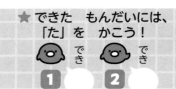
★ できた もんだいには、
「た」を かこう！
1 でき ○  2 でき ○

**1** つぎの たし算の ひっ算を しましょう。

月　　日

```
①    243    ②    516    ③    358    ④    459
   +  36       +  61       +  38       +  33
```

```
⑤    358    ⑥    205    ⑦    338    ⑧    259
   +  35       +  77       +  52       +  20
```

```
⑨    249    ⑩    666
   +   5       +   8
```

**2** つぎの たし算を ひっ算で しましょう。

月　　日

① 535＋46

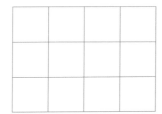

② 315＋80

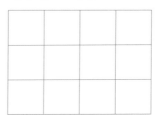

③ 487＋6

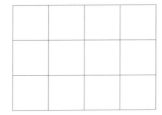

④ 353＋7

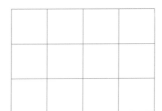

**22** **3 けたの　数の　ひき算の　ひっ算**

★ できた　もんだいには、
「た」を　かこう！
でき 1　でき 2

**1** つぎの　ひき算の　ひっ算を　しましょう。

| 月 | 日 |

①
```
  5 3 5
-   2 3
```

②
```
  7 5 9
-   1 2
```

③
```
  2 7 8
-   5 9
```

④
```
  6 9 6
-   2 8
```

⑤
```
  5 7 3
-   4 7
```

⑥
```
  8 8 1
-   4 6
```

⑦
```
  4 2 4
-   1 9
```

⑧
```
  6 9 5
-   9 5
```

⑨
```
  7 5 7
-     9
```

⑩
```
  4 1 4
-     8
```

**2** つぎの　ひき算を　ひっ算で　しましょう。

| 月 | 日 |

① 775−26

② 531−31

③ 362−5

④ 813−7

## 23 九九①

**1** つぎの 計算を しましょう。

月　　日

① 8×5＝ ☐

② 5×2＝ ☐

③ 6×3＝ ☐

④ 9×8＝ ☐

⑤ 7×5＝ ☐

⑥ 1×6＝ ☐

⑦ 2×9＝ ☐

⑧ 3×3＝ ☐

⑨ 4×1＝ ☐

⑩ 9×4＝ ☐

**2** つぎの 計算を しましょう。

月　　日

① 4×8＝ ☐

② 5×6＝ ☐

③ 6×9＝ ☐

④ 7×2＝ ☐

⑤ 1×2＝ ☐

⑥ 6×7＝ ☐

⑦ 8×6＝ ☐

⑧ 9×1＝ ☐

⑨ 2×4＝ ☐

⑩ 3×5＝ ☐

**24 九九②**

★ できた もんだいには、「た」を かこう!

**1** つぎの 計算を しましょう。　月　日

① 7×6＝
② 4×3＝
③ 5×9＝
④ 2×8＝
⑤ 8×8＝
⑥ 1×4＝
⑦ 3×9＝
⑧ 6×5＝
⑨ 8×1＝
⑩ 9×6＝

**2** つぎの 計算を しましょう。　月　日

① 6×8＝
② 7×4＝
③ 2×5＝
④ 3×6＝
⑤ 6×2＝
⑥ 4×5＝
⑦ 2×1＝
⑧ 8×4＝
⑨ 7×9＝
⑩ 9×9＝

## 25 九九 ③

**1** つぎの 計算を しましょう。

月　　日

① $4 \times 2 =$ ☐

② $1 \times 8 =$ ☐

③ $9 \times 5 =$ ☐

④ $6 \times 6 =$ ☐

⑤ $7 \times 3 =$ ☐

⑥ $2 \times 6 =$ ☐

⑦ $4 \times 9 =$ ☐

⑧ $5 \times 5 =$ ☐

⑨ $3 \times 4 =$ ☐

⑩ $6 \times 1 =$ ☐

**2** つぎの 計算を しましょう。

月　　日

① $1 \times 1 =$ ☐

② $4 \times 7 =$ ☐

③ $7 \times 7 =$ ☐

④ $5 \times 1 =$ ☐

⑤ $6 \times 4 =$ ☐

⑥ $8 \times 7 =$ ☐

⑦ $3 \times 1 =$ ☐

⑧ $9 \times 3 =$ ☐

⑨ $8 \times 2 =$ ☐

⑩ $5 \times 8 =$ ☐

**1** つぎの 計算を しましょう。

月　　日

① $3 \times 2 =$ 

② $5 \times 4 =$ 

③ $4 \times 6 =$ 

④ $2 \times 9 =$ 

⑤ $7 \times 1 =$ 

⑥ $7 \times 8 =$ 

⑦ $6 \times 7 =$ 

⑧ $4 \times 3 =$ 

⑨ $1 \times 3 =$ 

⑩ $3 \times 7 =$ 

**2** つぎの 計算を しましょう。

月　　日

① $8 \times 6 =$ 

② $5 \times 5 =$ 

③ $9 \times 6 =$ 

④ $9 \times 8 =$ 

⑤ $6 \times 2 =$ 

⑥ $3 \times 6 =$ 

⑦ $7 \times 4 =$ 

⑧ $8 \times 2 =$ 

⑨ $2 \times 5 =$ 

⑩ $1 \times 9 =$

# 27 九九⑤

**1** つぎの 計算を しましょう。　　　月　　日

① 4×2＝[　　]　　② 9×5＝[　　]

③ 8×4＝[　　]　　④ 5×3＝[　　]

⑤ 6×9＝[　　]　　⑥ 3×4＝[　　]

⑦ 2×7＝[　　]　　⑧ 1×5＝[　　]

⑨ 8×9＝[　　]　　⑩ 9×7＝[　　]

**2** つぎの 計算を しましょう。　　　月　　日

① 8×3＝[　　]　　② 2×8＝[　　]

③ 2×2＝[　　]　　④ 3×9＝[　　]

⑤ 9×1＝[　　]　　⑥ 4×9＝[　　]

⑦ 5×7＝[　　]　　⑧ 7×6＝[　　]

⑨ 8×8＝[　　]　　⑩ 1×8＝[　　]

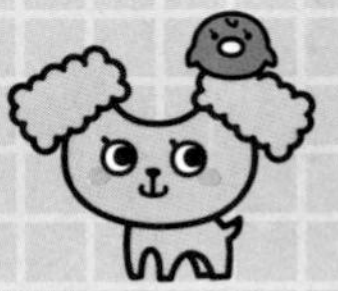

# 28 九九⑥

★できた　もんだいには、「た」を　かこう！

1 でき　2 でき

**1** つぎの　計算を　しましょう。

月　　日

① 3×3=

② 5×8=

③ 1×7=

④ 6×1=

⑤ 3×8=

⑥ 7×9=

⑦ 4×5=

⑧ 9×2=

⑨ 6×8=

⑩ 5×6=

**2** つぎの　計算を　しましょう。

月　　日

① 9×4=

② 6×6=

③ 7×2=

④ 3×1=

⑤ 8×4=

⑥ 5×2=

⑦ 1×4=

⑧ 2×3=

⑨ 4×8=

⑩ 7×7=

## 29 九九 ⑦

**1** つぎの 計算を しましょう。　　月　　日

① $2 \times 2 =$ ☐

② $5 \times 4 =$ ☐

③ $8 \times 6 =$ ☐

④ $1 \times 3 =$ ☐

⑤ $6 \times 7 =$ ☐

⑥ $3 \times 9 =$ ☐

⑦ $8 \times 3 =$ ☐

⑧ $4 \times 6 =$ ☐

⑨ $7 \times 1 =$ ☐

⑩ $9 \times 8 =$ ☐

**2** つぎの 計算を しましょう。　　月　　日

① $6 \times 3 =$ ☐

② $2 \times 7 =$ ☐

③ $7 \times 4 =$ ☐

④ $4 \times 1 =$ ☐

⑤ $1 \times 6 =$ ☐

⑥ $3 \times 7 =$ ☐

⑦ $4 \times 4 =$ ☐

⑧ $2 \times 4 =$ ☐

⑨ $3 \times 5 =$ ☐

⑩ $5 \times 7 =$ ☐

## 30 九九⑧

★ できた もんだいには、
「た」を かこう！

**1** つぎの 計算を しましょう。

月　　日

① 4×3＝ ⬜

② 6×5＝ ⬜

③ 1×2＝ ⬜

④ 7×7＝ ⬜

⑤ 9×3＝ ⬜

⑥ 2×6＝ ⬜

⑦ 5×1＝ ⬜

⑧ 7×3＝ ⬜

⑨ 3×2＝ ⬜

⑩ 9×7＝ ⬜

**2** つぎの 計算を しましょう。

月　　日

① 1×1＝ ⬜

② 7×8＝ ⬜

③ 2×8＝ ⬜

④ 3×6＝ ⬜

⑤ 9×2＝ ⬜

⑥ 4×9＝ ⬜

⑦ 8×5＝ ⬜

⑧ 6×9＝ ⬜

⑨ 9×9＝ ⬜

⑩ 5×3＝ ⬜

★できた　もんだいには、「た」を　かこう！
できた 1　できた 2

# 31 九九⑨

**1** つぎの　計算を　しましょう。　　月　日

① 2×5=

② 3×8=

③ 9×4=

④ 4×7=

⑤ 1×5=

⑥ 6×2=

⑦ 8×7=

⑧ 2×3=

⑨ 5×8=

⑩ 7×6=

**2** つぎの　計算を　しましょう。　　月　日

① 5×6=

② 6×4=

③ 1×7=

④ 2×1=

⑤ 5×9=

⑥ 7×2=

⑦ 4×8=

⑧ 8×1=

⑨ 3×3=

⑩ 8×9=

**1** つぎの 計算を しましょう。　　　　月　　日

① 7×3= ☐　　② 9×7= ☐

③ 4×4= ☐　　④ 2×9= ☐

⑤ 6×1= ☐　　⑥ 3×4= ☐

⑦ 8×3= ☐　　⑧ 1×4= ☐

⑨ 9×3= ☐　　⑩ 5×7= ☐

**2** つぎの 計算を しましょう。　　　　月　　日

① 4×6= ☐　　② 2×2= ☐

③ 7×8= ☐　　④ 9×5= ☐

⑤ 1×9= ☐　　⑥ 6×4= ☐

⑦ 5×4= ☐　　⑧ 3×5= ☐

⑨ 8×8= ☐　　⑩ 7×4= ☐

## 1　100までの　たし算の　ひっ算①

**1**　①98　　②86　　③91　　④72
⑤56　　⑥86　　⑦58　　⑧90
⑨53　　⑩59

**2**　①

```
   1 7
 + 6 4
   8 1
```

②

```
   4 6
 + 1 8
   6 4
```

③

```
   2 1
 +   6
   2 7
```

④

```
     8
 + 4 2
   5 0
```

## 2　100までの　たし算の　ひっ算②

**1**　①65　　②78　　③63　　④51
⑤72　　⑥55　　⑦87　　⑧80
⑨65　　⑩80

**2**　①

```
   5 7
 + 1 2
   6 9
```

②

```
   6 6
 + 2 4
   9 0
```

③

```
   6 9
 +   5
   7 4
```

④

```
     3
 + 7 9
   8 2
```

## 3　100までの　たし算の　ひっ算③

**1**　①69　　②96　　③58　　④91
⑤92　　⑥95　　⑦96　　⑧80
⑨23　　⑩54

**2**　①

```
   6 8
 + 1 6
   8 4
```

②

```
   5 4
 + 3 8
   9 2
```

③

```
   6 3
 +   7
   7 0
```

④

```
     4
 + 5 2
   5 6
```

## 4　100までの　ひき算の　ひっ算①

**1**　①23　　②18　　③6　　④31
⑤19　　⑥25　　⑦27　　⑧23
⑨16　　⑩29

**2**　①

```
   7 2
 - 5 3
   1 9
```

②

```
   8 1
 - 7 9
     2
```

③

```
   6 0
 - 3 2
   2 8
```

④

```
   5 6
 -   8
   4 8
```

## 5　100までの　ひき算の　ひっ算②

**1**　①63　　②60　　③9　　④43
⑤38　　⑥19　　⑦55　　⑧29
⑨4　　⑩28

**2**　①

```
   9 6
 - 4 7
   4 9
```

②

```
   6 1
 - 5 5
     6
```

③

```
   4 0
 - 3 1
     9
```

④

```
   9 2
 -   5
   8 7
```

## 6　100までの　ひき算の　ひっ算③

**1**　①15　　②76　　③10　　④51
⑤28　　⑥74　　⑦59　　⑧18
⑨6　　⑩28

**2**　①

```
   9 2
 - 6 9
   2 3
```

②

```
   9 7
 - 8 8
     9
```

③

```
   8 0
 - 7 8
     2
```

④

```
   5 0
 -   4
   4 6
```

## 7　何十の　計算

**1**　①130　　②130
③120　　④170
⑤120　　⑥110
⑦150　　⑧110
⑨150　　⑩140

**2**　①40　　②90
③60　　④70
⑤70　　⑥50
⑦90　　⑧90
⑨90　　⑩40

## 8 何百の 計算

**1**
①800 ②900
③800 ④500
⑤700 ⑥700
⑦900 ⑧900
⑨900 ⑩1000

**2**
①400 ②300
③100 ④500
⑤100 ⑥700
⑦600 ⑧400
⑨400 ⑩300

## 9 たし算の あん算

**1**
①20 ②40
③60 ④70
⑤50 ⑥30
⑦90 ⑧30
⑨80 ⑩60

**2**
①21 ②35
③65 ④83
⑤44 ⑥31
⑦92 ⑧64
⑨53 ⑩72

## 10 ひき算の あん算

**1**
①13 ②78
③31 ④65
⑤47 ⑥54
⑦29 ⑧82
⑨35 ⑩16

**2**
①17 ②29
③66 ④39
⑤49 ⑥27
⑦59 ⑧69
⑨75 ⑩27

## 11 たし算の ひっ算①

**1**
①114 ②119 ③147 ④107
⑤133 ⑥162 ⑦128 ⑧110
⑨101 ⑩102

**2**
① 76 + 57 = 133
② 31 + 89 = 120
③ 67 + 35 = 102
④ 95 + 6 = 101

## 12 たし算の ひっ算②

**1**
①119 ②118 ③111 ④107
⑤131 ⑥121 ⑦124 ⑧130
⑨103 ⑩102

**2**
① 67 + 87 = 154
② 68 + 42 = 110
③ 59 + 49 = 108
④ 6 + 97 = 103

## 13 たし算の ひっ算③

**1**
①118 ②156 ③149 ④109
⑤134 ⑥123 ⑦143 ⑧130
⑨103 ⑩103

**2**
① 57 + 69 = 126
② 77 + 73 = 150
③ 66 + 38 = 104
④ 93 + 8 = 101

## 14 たし算の ひっ算④

**1**
①115 ②172 ③123 ④107
⑤122 ⑥141 ⑦131 ⑧140
⑨105 ⑩104

**2**
① 37 + 84 = 121
② 64 + 36 = 100
③ 87 + 15 = 102
④ 9 + 93 = 102

## 15 たし算の ひっ算⑤

**1**
①128 ②146 ③128 ④109
⑤124 ⑥153 ⑦132 ⑧100
⑨104 ⑩104

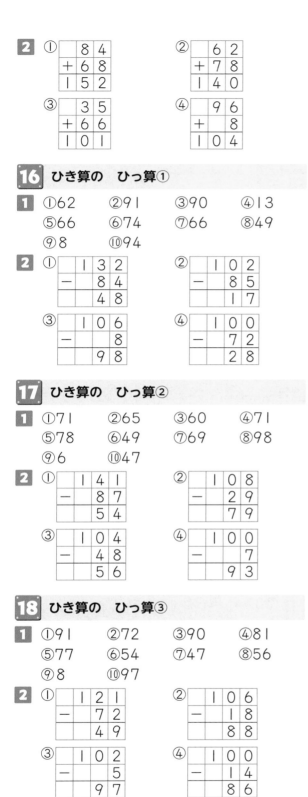

**2** 
① 84 + 68 = 152 
② 62 + 78 = 140 
③ 35 + 66 = 101 
④ 96 + 8 = 104 

## 16 ひき算の ひっ算①

**1** ①62 ②91 ③90 ④13 
⑤66 ⑥74 ⑦66 ⑧49 
⑨8 ⑩94 

**2** 
① 132 − 84 = 48 
② 102 − 85 = 17 
③ 106 − 8 = 98 
④ 100 − 72 = 28 

## 17 ひき算の ひっ算②

**1** ①71 ②65 ③60 ④71 
⑤78 ⑥49 ⑦69 ⑧98 
⑨6 ⑩47 

**2** 
① 141 − 87 = 54 
② 108 − 29 = 79 
③ 104 − 48 = 56 
④ 100 − 7 = 93 

## 18 ひき算の ひっ算③

**1** ①91 ②72 ③90 ④81 
⑤77 ⑥54 ⑦47 ⑧56 
⑨8 ⑩97 

**2** 
① 121 − 72 = 49 
② 106 − 18 = 88 
③ 102 − 5 = 97 
④ 100 − 14 = 86 

## 19 ひき算の ひっ算④

**1** ①72 ②63 ③60 ④81 
⑤73 ⑥87 ⑦86 ⑧98 

⑨4 ⑩15 

**2** 
① 146 − 97 = 49 
② 108 − 39 = 69 
③ 101 − 53 = 48 
④ 100 − 2 = 98 

## 20 ひき算の ひっ算⑤

**1** ①84 ②42 ③90 ④51 
⑤79 ⑥78 ⑦57 ⑧49 
⑨9 ⑩95 

**2** 
① 122 − 45 = 77 
② 103 − 69 = 34 
③ 103 − 4 = 99 
④ 100 − 93 = 7 

## 21 3けたの 数の たし算の ひっ算

**1** ①279 ②577 ③396 ④492 
⑤393 ⑥282 ⑦390 ⑧279 
⑨254 ⑩674 

**2** 
① 535 + 46 = 581 
② 315 + 80 = 395 
③ 487 + 6 = 493 
④ 353 + 7 = 360 

## 22 3けたの 数の ひき算の ひっ算

**1** ①512 ②747 ③219 ④668 
⑤526 ⑥835 ⑦405 ⑧600 
⑨748 ⑩406 

**2** 
① 775 − 26 = 749 
② 531 − 31 = 500 
③ 362 − 5 = 357 
④ 813 − 7 = 806

## 23 九九①

**1**
①40 　②10
③18 　④72
⑤35 　⑥6
⑦18 　⑧9
⑨4 　⑩36

**2**
①32 　②30
③54 　④14
⑤2 　⑥42
⑦48 　⑧9
⑨8 　⑩15

## 24 九九②

**1**
①42 　②12
③45 　④16
⑤64 　⑥4
⑦27 　⑧30
⑨8 　⑩54

**2**
①48 　②28
③10 　④18
⑤12 　⑥20
⑦2 　⑧32
⑨63 　⑩81

## 25 九九③

**1**
①8 　②8
③45 　④36
⑤21 　⑥12
⑦36 　⑧25
⑨12 　⑩6

**2**
①1 　②28
③49 　④5
⑤24 　⑥56
⑦3 　⑧27
⑨16 　⑩40

## 26 九九④

**1**
①6 　②20
③24 　④18
⑤7 　⑥56
⑦42 　⑧12
⑨3 　⑩21

**2**
①48 　②25
③54 　④72
⑤12 　⑥18
⑦28 　⑧16
⑨10 　⑩9

## 27 九九⑤

**1**
①8 　②45
③32 　④15
⑤54 　⑥12
⑦14 　⑧5
⑨72 　⑩63

**2**
①24 　②16
③4 　④27
⑤9 　⑥36
⑦35 　⑧42
⑨64 　⑩8

## 28 九九⑥

**1**
①9 　②40
③7 　④6
⑤24 　⑥63
⑦20 　⑧18
⑨48 　⑩30

**2**
①36 　②36
③14 　④3
⑤32 　⑥10
⑦4 　⑧6
⑨32 　⑩49

## 29 九九⑦

**1**
①4 　②20
③48 　④3
⑤42 　⑥27
⑦24 　⑧24
⑨7 　⑩72

**2**
①18 　②14
③28 　④4
⑤6 　⑥21
⑦16 　⑧8
⑨15 　⑩35

## 30 九九⑧

**1**
- ①12
- ②30
- ③2
- ④49
- ⑤27
- ⑥12
- ⑦5
- ⑧21
- ⑨6
- ⑩63

**2**
- ①1
- ②56
- ③16
- ④18
- ⑤18
- ⑥36
- ⑦40
- ⑧54
- ⑨81
- ⑩15

## 31 九九⑨

**1**
- ①10
- ②24
- ③36
- ④28
- ⑤5
- ⑥12
- ⑦56
- ⑧6
- ⑨40
- ⑩42

**2**
- ①30
- ②24
- ③7
- ④2
- ⑤45
- ⑥14
- ⑦32
- ⑧8
- ⑨9
- ⑩72

## 32 九九⑩

**1**
- ①21
- ②63
- ③16
- ④18
- ⑤6
- ⑥12
- ⑦24
- ⑧4
- ⑨27
- ⑩35

**2**
- ①24
- ②4
- ③56
- ④45
- ⑤9
- ⑥24
- ⑦20
- ⑧15
- ⑨64
- ⑩28

# 教科書ぴったりトレーニング はなまるシール

★ふろくの「がんばり表」につかおう！
★はじめに、キミのおとも犬をえらんで、がんばり表にはろう！
★がくしゅうがおわったら、がんばり表に「はなまるシール」をはろう！
★あまったシールはじゆうにつかってね。

## キミのおとも犬

げんき いっぱい おにく だいすき!
つっこみやく みんなの おせわがかり
ちょっと こわがり さいねんしょう
おっとり どくしょが すき
やさしくて ものしり みんなの せんせい

## はなまるシール

すごい!!
いいね!
がんばれ!
やったね!
できる!
ナイス!
むずかしい…
がんばろう!
もう1回!!
よくできたね!

こくご
国語
さんすう
算数

## ごほうびシール

よくできました

# 教科書ぴったりトレーニング 算数 2年 がんばり表

いつも見えるところに、この「がんばり表」をはっておこう。
この「ぴたトレ」をがくしゅうしたら、シールをはろう！
どこまでがんばったかわかるよ。

すきななまえをつけてね！

なまえ

ぴた犬（おとも犬）シールをはろう

シールの中からすきなぴた犬をえらぼう。

## 5. 100より 大きい 数
- 32〜33ページ ぴったり3 できたらシールをはろう
- 30〜31ページ ぴったり12 できたらシールをはろう
- 28〜29ページ ぴったり12 できたらシールをはろう
- 26〜27ページ ぴったり12 できたらシールをはろう

## 4. 長さ
- 24〜25ページ ぴったり3 できたらシールをはろう
- 22〜23ページ ぴったり12 できたらシールをはろう
- 20〜21ページ ぴったり12 できたらシールをはろう

## 3. ひき算
- 18〜19ページ ぴったり3 できたらシールをはろう
- 16〜17ページ ぴったり12 できたらシールをはろう
- 14〜15ページ ぴったり12 できたらシールをはろう

## 2. たし算
- 12〜13ページ ぴったり3 できたらシールをはろう
- 10〜11ページ ぴったり12 できたらシールをはろう
- 8〜9ページ ぴったり12 できたらシールをはろう
- 6〜7ページ ぴったり12 できたらシールをはろう

## 1. 表と グラフ
- 4〜5ページ ぴったり12 できたらシールをはろう
- 2〜3ページ ぴったり12 できたらシールをはろう

スタート

## ★ たし算と ひき算の 図
- 34〜35ページ できたらシールをはろう

## 6. たし算と ひき算
- 36〜37ページ ぴったり12 できたらシールをはろう
- 38〜39ページ ぴったり12 できたらシールをはろう
- 40〜41ページ ぴったり12 できたらシールをはろう
- 42〜43ページ ぴったり3 できたらシールをはろう

## ★ 何人 いるかな
- 44〜45ページ できたらシールをはろう

## 7. 時こくと 時間
- 46〜47ページ ぴったり12 できたらシールをはろう
- 48〜49ページ ぴったり3 できたらシールをはろう

## 8. 水のかさ
- 50〜51ページ ぴったり12 できたらシールをはろう
- 52〜53ページ ぴったり12 できたらシールをはろう
- 54〜55ページ ぴったり3 できたらシールをはろう

## 9. 三角形と四角形
- 56〜57ページ ぴったり12 できたらシールをはろう
- 58〜59ページ ぴったり12 できたらシールをはろう
- 60〜61ページ ぴったり3 できたらシールをはろう

## 10. かけ算
- 62〜63ページ ぴったり12 できたらシールをはろう

## 15. 1000より 大きい数
- 94〜95ページ ぴったり12 できたらシールをはろう
- 92〜93ページ ぴったり3 できたらシールをはろう
- 90〜91ページ ぴったり12 できたらシールをはろう

## 14. はこの形
- 88〜89ページ ぴったり3 できたらシールをはろう
- 86〜87ページ ぴったり12 できたらシールをはろう
- 84〜85ページ ぴったり12 できたらシールをはろう

## 13. 九九の表
- 82〜83ページ ぴったり3 できたらシールをはろう
- 80〜81ページ ぴったり12 できたらシールをはろう

## 12. 長いものの長さ
- 78〜79ページ ぴったり3 できたらシールをはろう
- 76〜77ページ ぴったり12 できたらシールをはろう
- 74〜75ページ ぴったり12 できたらシールをはろう
- 72〜73ページ ぴったり12 できたらシールをはろう
- 70〜71ページ ぴったり12 できたらシールをはろう

## 11. かけ算九九づくり
- 68〜69ページ ぴったり3 できたらシールをはろう
- 66〜67ページ ぴったり12 できたらシールをはろう
- 64〜65ページ ぴったり12 できたらシールをはろう

## 16. 図をつかって 考えよう
- 96〜97ページ ぴったり12 できたらシールをはろう
- 98〜99ページ ぴったり3 できたらシールをはろう
- 100〜101ページ ぴったり12 できたらシールをはろう
- 102〜103ページ ぴったり3 できたらシールをはろう

## 17. 1を分けて
- 104〜105ページ ぴったり12 できたらシールをはろう
- 106ページ ぴったり3 できたらシールをはろう

## ★ お楽しみ会で算数
- 107ページ できたらシールをはろう

## 活用 算数をつかって考えよう
- 108ページ できたらシールをはろう

## 2年のまとめ
- 109〜112ページ できたらシールをはろう

ゴール

さいごまでがんばったキミは「ごほうびシール」をはろう！

ごほうびシールをはろう

# 教科書ぴったりトレーニングの使い方

『ぴたトレ』は教科書にぴったり合わせて使うことができるよ。教科書も見ながら、勉強していこうね。ぴた犬たちが勉強をサポートするよ。

## ふだんの学習

### ぴったり1 じゅんび

教科書の だいじな ところを まとめて いくよ。
🎯めあて で だいじな ポイントが わかるよ。
もんだいに こたえながら、わかって いるか かくにんしよう。

QRコードから「3分でまとめ動画」が視聴できます。

※QRコードは株式会社デンソーウェーブの登録商標です。

### ぴったり2 れんしゅう

「ぴったり1」で べんきょうした ことが みについて いるかな？かくにんしながら、もんだいに とりくもう。

★できた もんだいには、「た」を かこう！★
できた ① できた ② できた ③ できた ④

### ぴったり3 たしかめのテスト

「ぴったり1」「ぴったり2」が おわったら、とりくんでみよう。学校の テストの 前に やっても いいね。わからない もんだいは、ふりかえり を 見て 前にもどって かくにんしよう。

## 実力チェック

- 🌻夏のチャレンジテスト
- ❄冬のチャレンジテスト
- 🌸春のチャレンジテスト
- 2年 算数のまとめ 学力しんだんテスト

夏休み、冬休み、春休みの 前に つかいましょう。
学期の おわりや 学年の おわりの テストの 前に やっても いいね。

ふだんの 学しゅうが おわったら、「がんばり表」に シールを はろう。

## 別冊

### 丸つけ ラクラクかいとう

もんだいと 同じ ところに 赤字で「答え」が 書いて あるよ。もんだいの 答え合わせを して みよう。まちがえた もんだいは、下の てびきを 読んで、もういちど 見直そう。

---

# もくじ

## 算数2年
教育出版版 小学算数

教科書ぴったりトレーニング
▶3分でまとめ動画

① 表と グラフ

教科書　上 11〜15 ページ　答え　2 ページ

✏ つぎの　□に　あてはまる　数や　ことばを　書きましょう。

◎めあて　表やグラフにあらわして、そこからよみとれるようになろう。　れんしゅう 1 →

🐾 表と グラフ

　表や グラフに あらわすと、数の ちがいが くらべやすく なります。

　それぞれの あそびを して いる 人数を、表と グラフに あらわしました。

あそびの　人数しらべ

| しゅるい | なわとび | ぶらんこ | シーソー | すなあそび | すべり台 |
|---|---|---|---|---|---|
| 人数（人） | 5 | 3 | 4 | 6 | 7 |

**1** ぶらんこで あそんで いる 人は 何人でしょうか。

とき方　人数を しらべるには、表が べんりです。表の ぶらんこの らんを 見ると ③ 人です。

└─ うすい 字は なぞって 考えよう。

**2** どの あそびを して いる 人が いちばん 多いでしょうか。

とき方　多い 少ないを しらべるには、グラフが べんりです。
　　○の 数が いちばん 多い □□□□ です。

あそびの　人数しらべ

| なわとび | ぶらんこ | シーソー | すなあそび | すべり台 |
|---|---|---|---|---|
|  |  |  |  | ○ |
|  |  |  | ○ | ○ |
| ○ |  |  | ○ | ○ |
| ○ |  | ○ | ○ | ○ |
| ○ | ○ | ○ | ○ | ○ |
| ○ | ○ | ○ | ○ | ○ |
| ○ | ○ | ○ | ○ | ○ |

グラフに すると、くらべやすいね。

📖 教科書 上 11〜15 ページ　　➡ 答え　2 ページ

**1** 野さいの 数を 表や グラフに あらわしましょう。

教科書 13 ページ **1**

### 野さいの 数しらべ

| しゅるい | トマト | かぶ | なす | たまねぎ | にんじん |
|---|---|---|---|---|---|
| 数（こ） | 4 | | | | |

### 野さいの 数しらべ

| | | | | |
|---|---|---|---|---|
| | | | | |
| | | | | |
| ◯ | | | | |
| ◯ | | | | |
| ◯ | | | | |
| ◯ | | | | |
| トマト | かぶ | なす | たまねぎ | にんじん |

① かぶは 何こでしょうか。

(　　　　　　　　　)

◯は 下から かいて いってね。

② どの 野さいが いちばん 多いでしょうか。

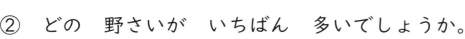

(　　　　　　　　　)

③ どの 野さいが いちばん 少ないでしょうか。

(　　　　　　　　　)

**！まちがいちゅうい**

④ トマトと なすでは、どちらが 何こ 多いでしょうか。

(　　　　　　　　　)

ヒント
**1** グラフは、野さいの 数と 同じ 数だけ ◯を かこう。
②③ 多い・少ないは、◯の 高さで わかります。

3

## ① 表と グラフ

時間 30分
／100
ごうかく 80点

教科書 上 11〜16 ページ ▸ 答え 2 ページ

知識・技能 ／100点

**1** よく出る くだものの 数を しらべましょう。

1もん10点(40点)

① くだものの 数を 表に あらわしましょう。

くだものの 数しらべ

| しゅるい | りんご | みかん | いちご | バナナ |
|---|---|---|---|---|
| 数(こ) | 4 | | | |

② くだものの 数を グラフに
あらわしましょう。

くだものの 数しらべ

| | | | |
|---|---|---|---|
| | | | |
| | | | |
| | | | |
| | | | |
| | | | |
| | | | |
| | | | |
| ○ | | | |
| ○ | | | |
| ○ | | | |
| ○ | | | |
| りんご | みかん | いちご | バナナ |

③ どの くだものが いちばん
多いでしょうか。

( 　　　　　　　 )

④ みかんは バナナより 何こ
多いでしょうか。

( 　　　　　　　 )

## ② 2年2組の　人の　生まれた　月を　しらべました。

①20点、②〜⑤1つ10点(60点)

### 生まれた　月しらべ

| 生まれた月 | 4月 | 5月 | 6月 | 7月 | 8月 | 9月 | 10月 | 11月 | 12月 | 1月 | 2月 | 3月 |
|---|---|---|---|---|---|---|---|---|---|---|---|---|
| 人数(人) | 3 | 5 | 2 | 4 | 1 | 2 | 3 | 1 | 4 | 3 | 2 | 2 |

① グラフを　かんせいさせましょう。

### 生まれた　月しらべ

| | | | | | | | | | | | |
|---|---|---|---|---|---|---|---|---|---|---|---|
| | ○ | | | | | | | | | | |
| | ○ | | ○ | | | | | | | | |
| ○ | ○ | | ○ | | | | | | | | |
| ○ | ○ | ○ | ○ | | | | | | | | |
| ○ | ○ | ○ | ○ | | | | | | | | |
| 4月 | 5月 | 6月 | 7月 | 8月 | 9月 | 10月 | 11月 | 12月 | 1月 | 2月 | 3月 |

② 生まれた　人数が　いちばん　多い　月は　何月でしょうか。

（　　　　　　　　　　）

③ 7月生まれと　人数が　同じ　月は　何月でしょうか。

（　　　　　　　　　　）

④ 1月生まれの　人数は、8月生まれの　人数より　何人
多いでしょうか。

（　　　　　　　　　　）

**できたらスゴイ！**

⑤ 1月から　3月までに　生まれた　人数は、ぜんぶで
何人でしょうか。

（　　　　　　　　　　）

**ふりかえり** ❶が　わからない　ときは、2ページの ❶に　もどって　かくにんして　みよう。

② たし算
# 2けた＋2けたの　計算ー(1)

教科書　上18〜23ページ　答え　3ページ

✏️ つぎの　□に　あてはまる　数を　書きましょう。

🎯めあて　2けた＋2けたの計算が、筆算でできるようになろう。　れんしゅう ①②→

🐾 14＋23の　筆算の　しかた

十の位 一の位

```
  1 4
+ 2 3
```

❶ 位を　たてに
そろえて　書く。

```
  1 4
+ 2 3
―――――
    7
```

❷ 一の位の
計算を　する。
4＋3＝7

```
  1 4
+ 2 3
―――――
  3 7
```

❸ 十の位の
計算を　する。
1＋2＝3

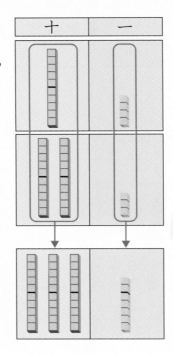

十の位の　計算の
1＋2＝3は、
10が　3こと　いう
いみだよ。

**1** 43＋35を　筆算で　しましょう。

とき方 ❶ 位を　たてに　そろえて　書く。
❷ 一の位の　計算は、3＋5＝□
❸ 十の位の　計算は、4＋3＝□

```
    4 3
+   3 5
―――――――
    7 8
```

**2** 27＋30を　筆算で　しましょう。

とき方 ❶ 位を　たてに　そろえて　書く。
❷ 一の位の　計算は、7＋0＝□
❸ 十の位の　計算は、2＋3＝□

```
    2 7
+   3 0
―――――――

```

教科書 | 上 18〜23 ページ　　答え | 3 ページ

**1** 筆算で しましょう。

教科書 22 ページ **2**、23 ページ ②・③

① 23＋42

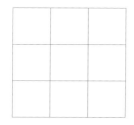

② 14＋25

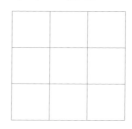

> 一の位→十の位の
> じゅんに
> 計算しよう。

③ 43＋40

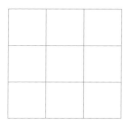

④ 50＋31

⑤ 50＋20

⑥ 30＋60

📖 よくよんで

**2** みなとさんは、16 円の グミと 22 円の ラムネを、
1 つずつ 買います。
あわせて 何円に なるでしょうか。

教科書 19 ページ **1**

式　　　　　　　　　　　　　筆算

答え（　　　　　　　）

ヒント　**2** 「あわせて 何円」だから、式は たし算です。
　　　計算は 位を たてに そろえて 書いて、筆算で しましょう。

# 2けた＋2けたの　計算ー(2)

つぎの　□に　あてはまる　数を　書きましょう。

**めあて**　くり上がりのあるたし算が、筆算でできるようになろう。　れんしゅう ① ② ③ →

🐾 **26＋17の　筆算の　しかた**

十の位　一の位

```
  2 6
＋ 1 7
```

❶ 位を　たてに
　　そろえて　書く。

```
  ¹2 6
＋  1 7
─────
      3
```

❷ 一の位の　計算を　する。
　　6＋7＝13
　　十の位に　1
　　くり上げる。

```
  ¹2 6
＋  1 7
─────
    4 3
```

❸ 十の位の　計算を　する。
　　1＋2＋1＝4

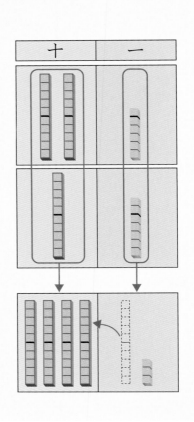

**1** 筆算で　しましょう。

(1)　54＋28

(2)　43＋17

---

**とき方**　位を　たてに　そろえて　書きます。

(1) ❶ 一の位の　計算は、4＋8＝ **12**

❷ 十の位に　1　くり上げる。

❸ 十の位の　計算は、1＋5＋2＝ □

```
    ¹
    5 4
＋   2 8
──────
```

(2) ❶ 一の位の　計算は、3＋7＝10

❷ 十の位に　□　くり上げる。

❸ 十の位の　計算は、□＋4＋1＝ □

```
    ¹
    4 3
＋   1 7
──────
```

ぴったり 2
れんしゅう

★ できた もんだいには、「た」を かこう！★

でき 1　でき 2　でき 3

がくしゅうび
月　　日

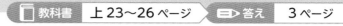
教科書　上 23〜26 ページ　　答え　3 ページ

**1** 筆算で　しましょう。

教科書 25 ページ ④

① 27＋35　　　② 78＋16　　　③ 47＋24

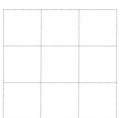 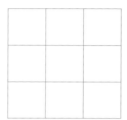 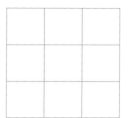

**2** 計算を　しましょう。

教科書 25 ページ ⑤、26 ページ ⑥

① 18＋57　　　② 42＋39

くり上げた　1 を
小さく　書いておこう。

**！まちがいちゅうい**

③ 28＋52　　　④ 66＋24

**3** 公園に　子どもが　45人、大人が　18人　います。
あわせて　何人　いるでしょうか。

教科書 23 ページ ❸

式　　　　　　　　　　　　筆算

答え（　　　　　　　　　　）

・ヒント　　② 筆算で　計算します。位を　きちんと　そろえて　計算しましょう。
　　　　　　③④は、一の位の　0 を　わすれないように　しよう。

9

📕 教科書　上 26〜28 ページ　　➡️ 答え　4 ページ

✏️ つぎの　☐に　あてはまる　数を　書きましょう。

🎯めあて　1けたと2けたのくり上がりのあるたし算が、筆算でできるようになろう。　れんしゅう ①②➡️

### 🐾 6＋27の　筆算の　しかた

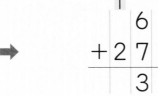

❶ 位を　たてに
そろえて　書く。

❷ 一の位の　計算
6＋7＝13

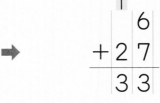

❸ 十の位の　計算
1＋2＝3

**1** 57＋8を　筆算で　しましょう。

とき方　❶　位を　たてに　そろえて　書く。
❷　一の位の　計算は、7＋8＝ 15
❸　十の位の　計算は、☐＋5＝☐

|   |   | 1 |
|---|---|---|
|   | 5 | 7 |
| ＋ |   | 8 |
|   |   |   |

🎯めあて　たし算のきまりをおぼえよう。　れんしゅう ③➡️

### 🐾 たし算の　きまり

たし算では、たされる数と
たす数を　入れかえて　たしても、
答えは　同じに　なります。

たされる数　たす数　答え
$\boxed{14} + ⊚9 = ◇23$

$⊚9 + \boxed{14} = ◇23$

**2** つぎの　計算を　して、答えを　くらべましょう。
　あ　17＋26　　　　　　い　26＋17

とき方　あ

|   | 1 | 7 |
|---|---|---|
| ＋ | 2 | 6 |
|   | 4 | 3 |

い

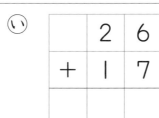

|   | 2 | 6 |
|---|---|---|
| ＋ | 1 | 7 |
|   |   |   |

あも　いも　答えは
☐で、同じに
なります。

ぴったり 2
れんしゅう

★ できた もんだいには、「た」を かこう！★

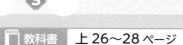
でき 1　でき 2　でき 3

がくしゅうび

月　　　日

教科書 上 26〜28 ページ　　答え 4 ページ

## 1 筆算で しましょう。

教科書 26 ページ ⑦

① 28+6

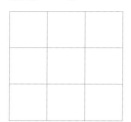

② 9+45

③ 7+64

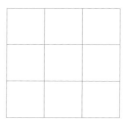

まちがいちゅうい

## 2 計算を しましょう。

教科書 26 ページ ⑧

① 37+5

② 8+79

③ 8+82

④ 54+6

一の位を
そろえて
書こう。

## 3 計算を しましょう。また、たされる数と たす数を 入れかえて たして、答えが 同じに なる ことを たしかめましょう。

教科書 28 ページ ⑩

① 29+62　　入れかえた 計算　　② 46+8　　入れかえた 計算

ヒント　② 筆算で 計算します。位の そろえ方に ちゅういしましょう。
　　　　　十の位に くり上げた 1を わすれないように。

11

📖 教科書 上 18〜33 ページ　✏ 答え　4 ページ

知識・技能　／60点

**1** 右の　筆算の　しかたを　せつ明して　います。

□に　あてはまる　数を　書きましょう。

1つ5点(20点)

❶ 位を　たてに　そろえて　書く。

❷ 一の位の　計算を　する。

8＋7＝□

十の位に　□　くり上げる。

❸ 十の位の　計算を　する。

1＋3＋2＝□

❹ 38＋27＝□

$$\begin{array}{r} 3\,8 \\ +\,2\,7 \\ \hline \end{array}$$

**2** **よく出る** 筆算で　しましょう。

1つ5点(30点)

①　42＋23

②　30＋67

③　15＋58

④　26＋34

⑤　9＋38

⑥　83＋7

12

**3** つぎの　筆算の　まちがいを　見つけて、正しく　計算しましょう。

1つ5点(10点)

① 
```
  2 9
+ 3 4
─────
  5 3
```
➡

② 
```
    5
+ 2 8
─────
  7 8
```
➡

---

思考・判断・表現 　　　　　　　　　　　　　　　 ／40点

**4** 赤い　花が　38こ、白い　花が　15こ　さいて　います。
あわせて　何こ　さいて　いるでしょうか。

式・筆算・答え　1つ5点(15点)

式　　　　　　　　　　　　筆算

答え（　　　　　　　　）

**5** ゆきさんは、きのうまでに　本を　54ページまで　読みました。
今日　16ページ　読みました。
ぜんぶで　何ページ　読んだでしょうか。

式・筆算・答え　1つ5点(15点)

式　　　　　　　　　　　　筆算

答え（　　　　　　　　）

**できたらスゴイ!**

**6** ①、②と　答えが　同じに　なる　式を　[＿＿]の　中から
えらびましょう。

1つ5点(10点)

① 17＋45

（　　　　　）

② 46＋29

（　　　　　）

あ 17＋35
い 29＋45
う 45＋17
え 45＋27
お 29＋46

ふろくの　「計算せんもんドリル」　1〜3　も　やって　みよう!

ぴったり 1
じゅんび
3分でまとめ

③ ひき算

③ ひき算
がくしゅうび　月　日

# 2けた－2けたの　計算－(1)

教科書　上 34～39 ページ　答え　5 ページ

✏️ つぎの　□に　あてはまる　数を　書きましょう。

🎯 ねらい　2けた－2けたの計算が、筆算でできるようになろう。　れんしゅう ① ② →

🐾 37－14の　筆算の　しかた

```
十の位 一の位
  3  7
－ 1  4
```

❶ 位を　たてに
　　そろえて　書く。

```
  3  7
－ 1  4
     3
```

❷ 一の位の
　　計算を　する。
　　7－4＝3

```
  3  7
－ 1  4
  2  3
```

❸ 十の位の
　　計算を　する。
　　3－1＝2

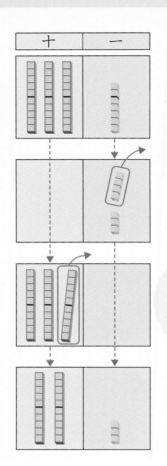

十の位の
計算の
3－1＝2 は、
10 が　2こ
いう　いみだよ。

---

**1** 筆算で　しましょう。　　(1) 67－42　　(2) 86－30

┌─────────────────────────────────────────────┐
**とき方**　筆算の　書き方は、たし算の　ときと　同じです。

(1) ❶ 位を　たてに　そろえて　書く。

```
    6  7
 －  4  2
    2  5
```

❷ 一の位の　計算は、7－2＝□

❸ 十の位の　計算は、6－4＝□

(2) ❶ 位を　たてに　そろえて　書く。

```
    8  6
 －  3  0
```

❷ 一の位の　計算は、6－0＝□

❸ 十の位の　計算は、8－3＝□
└─────────────────────────────────────────────┘

ぴったり ② れんしゅう

★ できた もんだいには、「た」を かこう！★
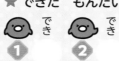
でき ① でき ②

がくしゅうび　　月　　日

教科書 上 34〜39 ページ　　答え 5 ページ

**1** 筆算で しましょう。

教科書 39 ページ ②・③

① 67−53

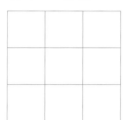

② 95−61

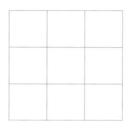

位を たてに
そろえて 書こう。

③ 76−20

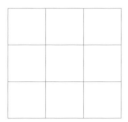

④ 48−30

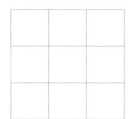

!まちがいちゅうい

⑤ 89−19

9−9＝0

⑥ 53−23

3−3＝0

よくよんで

**2** バスに 46人 のって いました。
バスていで 13人 おりました。
のこりは 何人に なったでしょうか。

教科書 35 ページ **1**

式　　　　　　　　　　　筆算

答え（　　　　　　）

ヒント
① ひき算の 筆算も、一の位から じゅんに 計算します。
② のこりの 人数を もとめるので、式は ひき算です。

ぴったり **①**

# じゅんび

③ ひき算

**2けた－2けたの　計算－⑵**
**計算の　たしかめ**

がくしゅうび　　月　　日

教科書　上 39〜45 ページ　答え　5 ページ

✏️ つぎの　◯に　あてはまる　数を　書きましょう。

🎯 **めあて**　くり下がりのあるひき算が、筆算でできるようになろう。　れんしゅう ① ② →

🐾 **31−16の　筆算の　しかた**

$$\begin{array}{r} 3\ 1 \\ -\ 1\ 6 \\ \hline \end{array}$$

❶　位を　たてに　そろえて
　書く。

$$\begin{array}{r} {}^{2}\ \ {}^{1} \\ 3\ 1 \\ -\ 1\ 6 \\ \hline 5 \end{array}$$

❷　一の位の　計算を　する。
　1から　6は　ひけないので、
　十の位から　1　くり下げる。
　$11-6=5$

$$\begin{array}{r} {}^{2} \\ 3\ 1 \\ -\ 1\ 6 \\ \hline 1\ 5 \end{array}$$

❸　十の位の　計算を　する。
　$2-1=1$

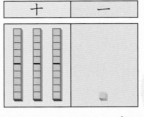
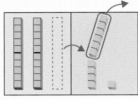
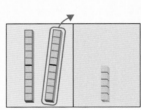

十の位から
くり下げた
ことが　わかる
ように、書いて
おこう。

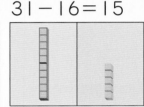

$31-16=15$

**1** 61−18を　筆算で　しましょう。

**とき方**　❶　一の位の　計算は、十の位から
　1　くり下げて、◯◯−8＝3

　❷　十の位の　計算は、5−1＝◯

$$\begin{array}{r} 6\ 1 \\ -\ 1\ 8 \\ \hline \end{array}$$

🎯 **めあて**　ひき算の答えのたしかめが、できるようになろう。　れんしゅう ③ →

🐾 **たし算と　ひき算の　かんけい**

　ひき算の　答えに　ひく数を
たすと、ひかれる数に　なります。

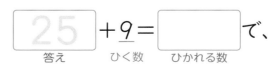

ひかれる数　ひく数　答え
$23 - 8 = 15$
$15 + 8 = 23$

**2** 34−9＝25の　答えは、25 ＋9＝◯◯◯で、
　　　　　　　　　　　　　　答え　ひく数　ひかれる数

たしかめる　ことが　できます。

16

教科書 上39〜45ページ　　答え 5ページ

**1** 筆算で しましょう。

教科書 43ページ④・⑤

① 71−14　　② 82−39　　③ 64−47

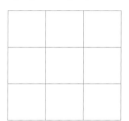 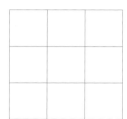 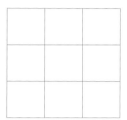

**！まちがいちゅうい**

**2** 計算を しましょう。

教科書 44ページ④・⑤・⑥・⑦・⑧

① 51−45　　② 37−29　　③ 80−73

④ 28−9　　⑤ 53−7　　⑥ 60−4

**3** 計算を しましょう。
　また、答えの たしかめを しましょう。

教科書 45ページ⑩

①　　42　　たしかめ　　　　②　　90　　たしかめ
　　−28　　　　　　　　　　　　−　5

●ヒント　① ② くり下げた ことが わかるように、小さく 書いて おこう。
　　　　　③ ひき算の 答えの たしかめの 式は、答え＋ひく数＝ひかれる数

17

時間 30分
／100
ごうかく 80点

教科書 上34〜47ページ　答え 6ページ

知識・技能　／70点

❶ 右の　筆算の　しかたを　せつ明して　います。
　　□に　あてはまる　数を　書きましょう。

1つ5点(25点)

① 位を　たてに　そろえて　書く。

② 一の位の　計算を　する。
　　3から　6は　ひけないので、
　　十の位から　1　くり下げる。
　　□−6=□

③ 十の位の　計算を　する。
　　□−1=□

④ 43−16=□

$$43 \atop -16$$

❷ 51−28=23の　答えを　たしかめます。

1つ5点(15点)

① 下の　□に　あてはまる　ことばを　書きましょう。
　　ひき算の　答えに　□を　たすと、
　　ひかれる数に　なります。

② たしかめの　式を　書きました。
　　□に　あてはまる　数を　書きましょう。
　　23+□=□

**3** よく出る 筆算で しましょう。

1つ5点(30点)

① 37−14

② 85−47

③ 71−67

④ 50−43

⑤ 96−8

⑥ 30−4

思考・判断・表現　　　　　　　　　／30点

**4** かえでさんは シールを 50まい もって いました。
この うち 32まいを つかいました。
のこりは 何まいでしょうか。

式・筆算・答え 1つ5点(15点)

式　　　　　　　　　　　筆算

答え （　　　　　　　）

できたらスゴイ！

**5** 玉入れきょうそうで、赤い 玉は 68こ、白い 玉は 82こ
入りました。どちらが 何こ 多く 入ったでしょうか。

式・筆算・答え 1つ5点(15点)

式　　　　　　　　　　　筆算

答え （　　　　　　　）

ふりかえり 1が わからない ときは、16ページの 1に もどって かくにんして みよう。

ふろくの「計算せんもんドリル」4〜6も やって みよう！

19

3分でまとめ

**4** 長さ

## 長さの あらわし方
## 1cm より みじかい 長さ

教科書 上 48〜56 ページ 答え 6 ページ

✏️ つぎの ▢ に あてはまる 数を 書きましょう。

◎めあて 長さのたんい cm が わかるように なろう。

れんしゅう **1 4→**

### 🐾 センチメートル

長さは、同じ 長さを もとに して、その いくつ分で あらわす ことが できます。

右の 長さは **1センチメートル**です。

1センチメートルは **1cm** と 書きます。

**1** テープの 長さは 何 cm でしょうか。

とき方 1cm の 6こ分だから **6** cm です。

◎めあて 長さのたんい mm が わかるように なろう。

れんしゅう **2 3 4→**

### 🐾 ミリメートル

1cm を 同じ 長さに 10こに 分けた 1こ分の 長さを **1ミリメートル**と いい、 **1mm** と 書きます。

$$1cm = 10mm$$

cm も mm も 長さの たんいだよ。

**2** 直線の 長さは 何 cm 何 mm でしょうか。

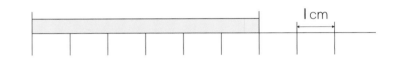

とき方 長い めもりで ▢ cm、

みじかい めもりで ▢ mm だから、

▢ cm ▢ mm です。

まっすぐな 線を 直線と いうよ。

教科書 上 48〜56 ページ　答え 6 ページ

**1** □に あてはまる 数を 書きましょう。　教科書 52 ページ ①

① 1cm の 8こ分の 長さは [　　] cm です。

② 14cm は、1cm の [　　] こ分の 長さです。

🔍 よくみて

**2** テープの 長さは 何cm何mm でしょうか。
また、何mm でしょうか。　教科書 55 ページ ③・③

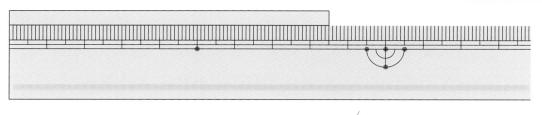

（　　　cm　　　mm）

（　　　　　mm）

⚠ まちがいちゅうい

**3** どちらが 長いでしょうか。
長い ほうに ○を つけましょう。　教科書 55 ページ ⑤

① （ 7cm、68mm ）

② （ 12mm、2cm ）

長さを くらべる ときは、
たんいを そろえよう。

**4** つぎの 長さの 直線を かきましょう。　教科書 56 ページ ⑥
① 5cm

② 3cm8mm

😊 ヒント　③ 1cm＝10mm を つかって たんいを そろえよう。
④ 直線は、ものさしを つかって、点と 点を むすんで かこう。

# 長さの　計算

教科書　上 57 ページ　　答え　7 ページ

✏ つぎの　◻ に　あてはまる　数を　書きましょう。

🎯 めあて　長さの計算ができるようになろう。　　れんしゅう ① ② →

🐾 長さの　計算

長さは　たしたり　ひいたり　する　ことが　できます。

3cm 5mm ＋ 4cm ＝ 7cm 5mm

3cm＋4cm＝7cm

cm は　cm、
mm は　mm で
それぞれ　計算するよ。

**1** ⓐの　線の　長さと、ⓘの　線の　長さを　くらべましょう。

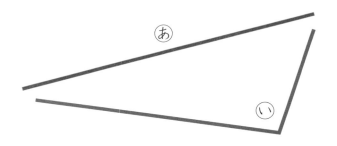

ものさしを　つかって、
直線の　長さを
はかってみよう。

**とき方** ❶　ⓐの　線の　長さは ◻8◻ cm です。

❷　ⓘの　線の　長さは、2つの　直線の　長さを　たします。

6cm 5mm ＋ ◻ cm ＝ 9cm 5mm

6cm＋3cm

❸　長さの　ちがいを　もとめます。

9cm 5mm － 8cm ＝ ◻ cm ◻ mm

9cm－8cm

❹　ⓘの　線の　ほうが ◻ cm ◻ mm　長いです。

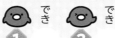
教科書　上 57 ページ　　答え　7 ページ

**1** ⓐの　線の　長さと、ⓘの　線の　長さを　くらべます。

教科書　57 ページ **4**

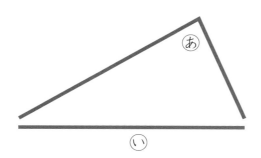

① ⓐの　線の　長さは　何cm何mm でしょうか。

式

答え（　　　　　　　　　　）

② ⓐの　線と　ⓘの　線では、どちらが　どれだけ
長いでしょうか。

式

答え（　　　　　　　　　　）

**！まちがいちゅうい**

**2** 計算を　しましょう。

教科書　57 ページ ⑧

① 2cm＋7cm

② 8cm－5cm

③ 6cm8mm＋3cm

④ 9cm7mm－7cm

同じ　たんいの
数どうしを
計算してね。

 **ヒント**　**1**　① 2つの　直線の　長さを　たして　もとめます。
② 長い　ほうから　みじかい　ほうを　ひきます。

23

教科書 上 48〜61 ページ　　答え 7 ページ

知識・技能　　　　　　　　　　　　　　　　　　　　／80点

**1** テープの　長さを　はかります。
　　□に　あてはまる　数を　書きましょう。　　　1もん5点(10点)

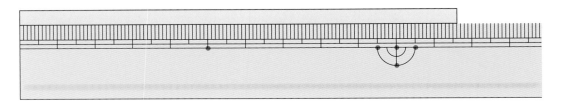

① テープの　長さは、□ cm □ mm です。

② また、□ mm です。

**2** よく出る □に　あてはまる　長さの　たんいを　書きましょう。
　　　　　　　　　　　　　　　　　　　　　　　1つ5点(15点)

① えんぴつの　長さ　　　　12 □

② ひまわりの　たねの　長さ　　9 □

③ けしゴムの　長さ　　　　35 □

**3** つぎの　長さの　直線を　かきましょう。　　　1つ10点(20点)
① 4 cm

② 5 cm 2 mm

**4** □に　あてはまる　数を　書きましょう。　1もん5点（15点）

① 5cm＝□mm

② 2cm9mm＝□mm

③ 83mm＝□cm□mm

**5** よく出る　計算を　しましょう。　1つ5点（20点）

① 3cm＋7cm

② 6cm－5cm

③ 4cm2mm＋3cm

④ 7cm8mm－2cm

思考・判断・表現　　　／20点

できたらスゴイ！

**6** あの　線の　長さと　いの　線の　長さを　くらべます。

式・答え　1つ5点（20点）

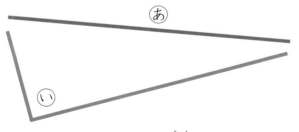

① いの　線の　長さは　何cm何mmでしょうか。

式

答え（　　　　　　　）

② どちらが　どれだけ　長いでしょうか。

式

答え（　　　　　　　）

ふりかえり　④が　わからない　ときは、20ページの　②に　もどって　かくにんして　みよう。

ぴったり 1
じゅんび

3分でまとめ

⑤ 100 より 大きい 数

数の あらわし方－(1)

がくしゅうび　　月　　日

教科書 上62〜67ページ　答え 8ページ

✏ つぎの ☐に あてはまる 数や ＞か ＜の しるしを 書きましょう。

🎯 めあて 100 より大きい数があらわせるようになろう。　れんしゅう ① ② ③→

🐾 3けたの 数の あらわし方

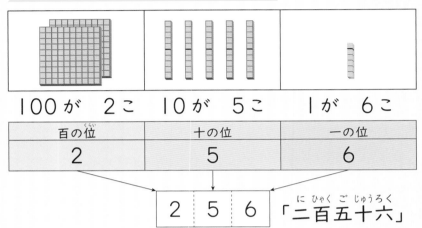

| 百の位 | 十の位 | 一の位 |
|---|---|---|
| 2 | 5 | 6 |

100が 2こ　10が 5こ　1が 6こ

2 | 5 | 6 「二百五十六」
（にひゃく ごじゅうろく）

100が 2こ → 200
10が 5こ → 50
1が 6こ → 6
あわせて 256

10の まとまりが
10こ あつまったら、
100に なるよ。

1 何まい あるでしょうか。

**とき方** 100が 3こで 300、1が 2こで 2。
300と 2で 302 まい。

十の位の 0を
わすれないでね。

🎯 めあて 100 より大きい数の大小がわかるようになろう。　れんしゅう ④→

🐾 ＞、＜

数の 大小は、＞、＜の しるしを
つかって あらわします。

大 ＞小　293＞268
小 ＜大　293＜296

2 327と 412の 大小を、＞か ＜の
しるしを つかって あらわしましょう。

＞

**とき方** 百の位の 数字から くらべます。
3と 4では 4の ほうが 大きいから、327 ☐ 412

26

ぴったり 2
# れんしゅう

★ できた もんだいには、「た」を かこう！ ★

でき 1　でき 2　でき 3　でき 4

がくしゅうび　　月　　日

教科書　上62〜67ページ　答え　8ページ

**1** 何まい あるでしょうか。　　教科書 65ページ ①、66ページ ④

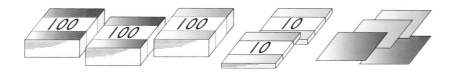

( 　　　　　　　　　 まい )

**2** つぎの 数を よみましょう。　　教科書 65ページ ②、66ページ ⑤

① 295　　　　　② 716　　　　　③ 304

( 　　　　　 )　( 　　　　　 )　( 　　　　　 )

**3** つぎの 数を 数字で 書きましょう。　　教科書 65ページ ③、66ページ ⑥

① 100 を 5こと、10 を 7こと、1を 2こ あわせた 数

( 　　　　　　　　　 )

⚠ まちがいちゅうい

② 100 を 8こと、1を 9こ あわせた 数

( 　　　　　　　　　 )

**4** □に あてはまる ＞か ＜の しるしを 書きましょう。

教科書 67ページ ⑦

① 242 □ 340

② 610 □ 601

数の 大きさを
くらべる ときは、
かならず 大きい 位の
数字から じゅんに
くらべて いこう。

🔵ヒント　④ ② 百の位の 数字が 同じ ときは、つぎの 十の位の 数字を
くらべます。

5 100より 大きい 数
数の あらわし方-(2)
10が いくつ／千

教科書　上 68〜73 ページ　答え　8 ページ

✎ つぎの □に あてはまる 数を 書きましょう。

◎めあて　数の線の見方がわかるようになろう。　れんしゅう 1→

🐾数の線の 見方

いちばん 小さい 1めもりの
大きさを 考えて、めもりを よみます。

250　　370
200　　300　　400

200から 300までが 10こに
分かれて いるから、1めもりは
10を あらわして いる。

1 ⓐの めもりが あらわす
数を 答えましょう。

400　　500　ⓐ　600

とき方　いちばん 小さい 1めもりは
□10 を あらわすから □。

はってん
数の線の ことを
「数直線」とも
いうよ。

◎めあて　10をあつめた数や、千の大きさがわかるようになろう。　れんしゅう 2 3→

🐾10の いくつ分の 見方

一の位が 0の 数は、10の いくつ分と 考える ことが
できます。

🐾千　100を 10こ あつめた 数を 千と いい、
1000と 書きます。999より 1 大きい 数です。

2 10を 63こ あつめた 数は いくつでしょうか。

とき方　10が 60こで 600、10が 3こで □
だから、10が 63こで □。

3 1000は 10を 何こ あつめた 数でしょうか。

とき方　10が 10こで 100、100が □こで 1000
だから、10を □こ あつめると 1000に なります。

ぴったり2
れんしゅう
★ できた もんだいには、「た」を かこう！★
① でき ② でき ③ でき

がくしゅうび
月　　日

教科書 上68～73ページ　　答え 8ページ

**1** 下の 数の線を 見て 答えましょう。

教科書 68ページ4・⑧

あ　　　　　　　　　　　　　　　　い

0　　　　　　　　　　　　　500

① あ、いの めもりが あらわす 数を 書きましょう。

あ（　　　　　　　）　い（　　　　　　　）

② 280を あらわす めもりに ↓を 書きましょう。

③ 300より 50 小さい 数を 書きましょう。

（　　　　　　　）

④ 420より 100 大きい 数を 書きましょう。

（　　　　　　　）

**2** 　　に あてはまる 数を 書きましょう。

教科書 71ページ⑩・⑪

① 10を 27こ あつめた 数は 　　　　 です。

② 10を 80こ あつめた 数は 　　　　 です。

10が
10こで
100だったね。

③ 650は 10を 　　　こ あつめた 数です。

④ 400は 10を 　　　こ あつめた 数です。

**まちがいちゅうい**

**3** 1000より 1 小さい 数は いくつでしょうか。

教科書 72ページ⑬

1000は、999の
つぎの 数だね。

（　　　　　　　）

**ヒント** ① 数の線は 右へ いくほど 大きい 数に なります。
小さい 1めもりが いくつを あらわして いるか 考えよう。

29

⑤ 100より 大きい 数

# 何十、何百の 計算

教科書　上 74〜75 ページ　　答え　9 ページ

✏ つぎの □に あてはまる 数を 書きましょう。

◎ めあて　何十、百何十の計算ができるようになろう。　　れんしゅう ① ④→

🐾 何十、百何十の　計算

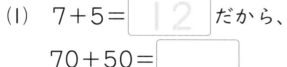

$$60+80=140$$

10の まとまりで 考えると、　$6 + 8 = 14$

$$130-50=80$$

10の まとまりで 考えると、　$13 - 5 = 8$

**1** 計算を しましょう。

(1)　$70+50$　　　　　　　　　(2)　$140-80$

とき方　10の まとまりで 考えます。

(1)　$7+5=\boxed{12}$ だから、

$70+50=\boxed{\phantom{0}}$

(2)　$14-8=\boxed{\phantom{0}}$ だから、$140-80=\boxed{\phantom{0}}$

140は 10が 14こ、
80は 10が 8こ…。

◎ めあて　何百、何百何十の計算ができるようになろう。　　れんしゅう ② ③ ④→

🐾 何百の　計算

100の まとまりで 考えます。

🐾 何百何十の　計算

10の まとまりで 考えます。

$$400+200=600$$
$4+2=6$

$$230+50=280$$
10が　　10が　　10が
23こ　　5こ　　23+5=28(こ)

**2** 計算を しましょう。

(1)　$700-400$　　　　　　　　(2)　$560-50$

とき方　(1)　100の まとまりで 考えます。

$7-4=\boxed{\phantom{0}}$ だから、$700-400=\boxed{\phantom{0}}$

(2)　10の まとまりで 考えます。

$56-5=\boxed{\phantom{0}}$ だから、$560-50=\boxed{\phantom{0}}$

ぴったり 2
**れんしゅう**

★ できた もんだいには、「た」を かこう！★

でき ① でき ② でき ③ でき ④

がくしゅうび
月　　日

教科書 上 74～75 ページ　答え 9 ページ

**1** 計算を　しましょう。

教科書 74 ページ ⑬・⑭

① 60＋70

② 90＋20

③ 120－40

④ 160－70

**2** 計算を　しましょう。

教科書 75 ページ ⑪・⑮・⑰

① 500＋300

② 200＋600

③ 900－400

④ 800－500

**3** 計算を　しましょう。

教科書 75 ページ ⑫・⑯・⑰

① 340＋30

② 710＋50

③ 690－60

④ 480－80

📖 **よくよんで**

**4** 赤い　花が　160 本、白い　花が　30 本　あります。

教科書 74 ページ ⑩

① 花は　あわせて　何本　あるでしょうか。

式

答え（　　　　　　　　　）

② 赤い　花は、白い　花より　何本　多いでしょうか。

式

答え（　　　　　　　　　）

**ヒント** **3** 10の　まとまりで　考えて　計算します。
① 340は　10が　34こ、30は　10が　3こだから、34＋3＝37

31

⑤ **100より 大きい 数**

時間 **30**分
／100
ごうかく **80**点

教科書 上62〜77ページ　答え 9ページ

知識・技能　／75点

**1** 何本 あるでしょうか。
また、百の位の 数字は 何でしょうか。　1つ5点(10点)

    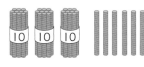

（　　　　　　本）

百の位の 数字（　　　　　　）

**2** よく出る □に あてはまる 数を 書きましょう。　1つ5点(15点)

① 100を 6こと、10を 2こ あわせた 数は □ です。

② 530は 10を □ こ あつめた 数です。

③ 100を 10こ あつめた 数は □ です。

**3** よく出る 下の 数の線で、あ、いの めもりが あらわす 数を
答えましょう。　1つ5点(10点)

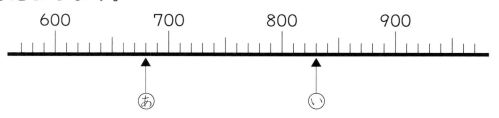

あ（　　　　　　）　い（　　　　　　）

**4** つぎの 数の 大小を、＞か ＜の しるしを つかって
あらわしましょう。　1つ5点(10点)

① （873、857）　　　② （98、103）

（　　　　　　）　　　（　　　　　　）

32

**5** よく出る 計算を しましょう。

1つ5点(30点)

① 80+90　　　② 110-70　　　③ 200+500

④ 1000-700　　⑤ 820+40　　　⑥ 590-20

思考・判断・表現　　　　　　　　　　　　　　　／25点

**6** 420円の 本と、60円の ノートを 買いました。
あわせて 何円に なるでしょうか。

式・答え 1つ10点(20点)

式

答え（　　　　　　　　　）

できたらスゴイ！

**7** 右の ⑦と ⑦の カードに 書かれて
ある 数は どちらが 大きく なるか
答えましょう。

(5点)

（　　　　　　　　　）

⑦ | 3 | 9 | 5 |
⑦ | 3 |   | 1 |

**プログラミング** プログラミングにちょうせん

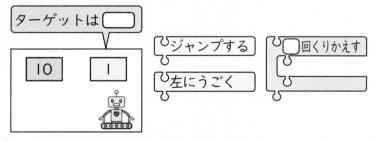

ターゲットは □

| 10 | | 1 |

ジャンプする

左にうごく

□ 回くりかえす

教科書 上145ページ

1を たたくと
☆が、10を
たたくと ⑩が
出て くるよ。

ロボットを うごかして
星を あつめて、
ターゲットの 数を
つくります。
　あきさんと ななさんが
右の ように しじすると、
同じ 星の 数に
なりました。
　ターゲットの 数は いくつでしょうか。

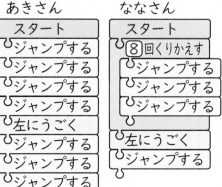

あきさん
| スタート |
ジャンプする
ジャンプする
ジャンプする
ジャンプする
左にうごく
ジャンプする
ジャンプする
ジャンプする

ななさん
| スタート |
⑧ 回くりかえす
　ジャンプする
　ジャンプする
　ジャンプする
左にうごく
ジャンプする

（　　　　　　　）

ふくろくの「計算せんもんドリル」7〜8も やって みよう！

ふりかえり　1が わからない ときは、26ページの 1に もどって かくにんして みよう。

# たし算と ひき算の 図

**1** 場面を あらわした 図を 見て、もんだいに 答えましょう。

> 青い りんごが 5こ、赤い りんごが 7こ あります。
> りんごは あわせて 12こ あります。

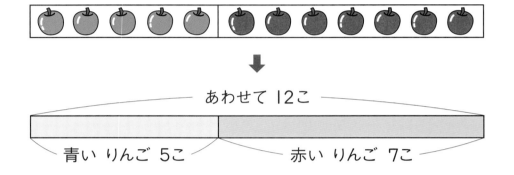

① あわせて 何こ あるでしょうか。
テープ図を 見て、式と 答えを
書きましょう。

数を テープで あらわした 図を テープ図と いうよ。

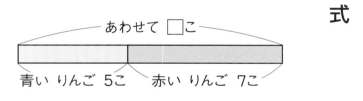

式

答え（　　　　　　　　）

② 青い りんごは 何こ あるでしょうか。
テープ図を 見て、式と 答えを 書きましょう。

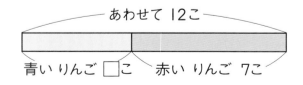

たし算と ひき算の どちらを つかって 答えを もとめるのかな？

式

答え（　　　　　　　　）

⭐**2** ボールペンは　90円、ノートは　120円です。
ちがいは　何円でしょうか。

① もとめる　数を　□円と　して、テープ図に　あらわしました。
　　□に　あてはまる　数を　書きましょう。

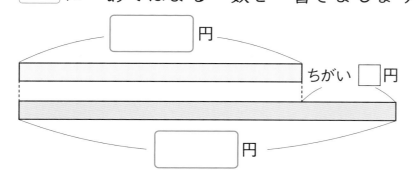

これも
テープ図だよ。

② 式と　答えを　書きましょう。

式

答え（　　　　　　　　　）

⭐**3** つぎの　もんだいを　あらわす　テープ図を　あ、い、うから
えらびましょう。

① 青い　ボタンが　14こ、黄色い　ボタンが　8こ　あります。
　　あわせて　何こ　あるでしょうか。　　　　　　（　　　　）

② 青い　ボタンと　黄色い　ボタンが　あわせて　22こ　あります。
　　黄色い　ボタンは　8こです。
　　青い　ボタンは　何こでしょうか。　　　　　　（　　　　）

③ 青い　ボタンは　14こ、黄色い　ボタンは　8こ　あります。
　　ちがいは　何こでしょうか。　　　　　　　　　（　　　　）

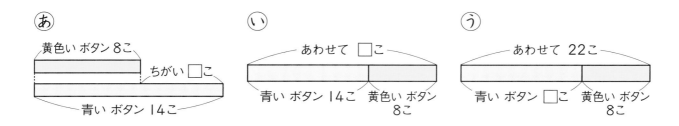

3分でまとめ

**⑥ たし算と ひき算**

# 百の位に くり上がる たし算

📖 教科書 上82〜86ページ 📝 答え 10ページ

✏️ つぎの □ に あてはまる 数を 書きましょう。

**めあて** 答えが 100 より大きくなるたし算ができるようになろう。 **れんしゅう ① ② ③→**

### 🐾 35+97の 筆算の しかた

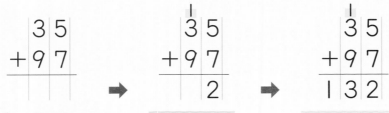

```
  3 5        3 5        3 5
+ 9 7      + 9 7      + 9 7
           ───        ───
             2        1 3 2
```

位を たてに
そろえて 書く。

5+7=12
十の位に 1
くり上げる。

1+3+9=13
百の位に 1
くり上げる。

10が 10こ
あつまると、100の
まとまりが 1こ
できるから、百の位に
1 くり上げるんだね。

**1** 64+78を 筆算で しましょう。

**とき方** ① 一の位は、4+8=12
十の位に 1 くり上げる。
② 十の位は、□+6+7=□
百の位に □ くり上げる。

```
    1
    6 4
+   7 8
─────────
```

**めあて** 3けた＋1けた、3けた＋2けたの筆算ができるようになろう。 **れんしゅう ④→**

### 🐾 627+46の 筆算の しかた

```
  6 2 7      6 2 7      6 2 7      6 2 7
+   4 6    +   4 6    +   4 6    +   4 6
           ─────      ─────      ─────
               3          7 3      6 7 3
```

7+6=13        1+2+4=7

3けたに なっても、
計算の しかたは
かわらないよ。

**2** 548+7を 筆算で しましょう。

**とき方** ① 一の位は、8+7=15
② 十の位は、□+4=□
③ 百の位は、5

```
    1
  5 4 8
+     7
─────────
```

★ できた もんだいには、「た」を かこう！ ★
① でき ② でき ③ でき ④ でき

がくしゅうび　　月　　日

教科書 上 82〜86 ページ　　答え 10 ページ

## 1 筆算で しましょう。

教科書 85 ページ ①・③、86 ページ ⑤

①　63＋51

②　79＋53

③　5＋98

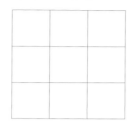
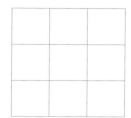

## 2 計算を しましょう。

教科書 85 ページ ②・④

①　82＋76

②　27＋90

③　48＋96

④　86＋74

## 3 計算を しましょう。

教科書 86 ページ ⑥

①　85＋16

②　53＋47

③　97＋8

④　6＋95

## 4 計算を しましょう。

教科書 86 ページ ⑦・⑧

①　389＋7

②　538＋3

③　813＋48

④　724＋56

ヒント　2 ③④ くり上がりが 2回 あります。
　　　　3 答えの 十の位には 0を 書きます。

## ぴったり1 じゅんび

**6 たし算と ひき算**

# 百の位から くり下がる ひき算ー(1)

📖 教科書 上 87〜89 ページ　➡️ 答え 11 ページ

✏️ つぎの ▢ に あてはまる 数を 書きましょう。

**◎めあて** 百の位からくり下げるひき算ができるようになろう。　れんしゅう ①②➡

🐾 **128−56の 筆算の しかた**

位を たてに　　　　　一の位の 計算　　　　十の位の 計算
そろえて 書く。　　　8−6＝2　　　　　　12−5＝7

> 百の位から
> 1 くり下げて
> 計算します。

**1** 146−50 を 筆算で しましょう。

**とき方** ❶ 一の位は、6−0＝ ▢6▢

❷ 十の位は、百の位から 1 くり下げて、

▢ −5＝ ▢

|   | 1 | 4 | 6 |
|---|---|---|---|
| − |   | 5 | 0 |
|   |   |   |   |

**◎めあて** くり下がりが2回あるひき算ができるようになろう。　れんしゅう ①③➡

🐾 **153−89の 筆算の しかた**

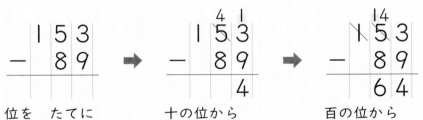

位を たてに　　　　十の位から　　　　　　百の位から
そろえて 書く。　　1 くり下げる。　　　　1 くり下げる。
　　　　　　　　　13−9＝4　　　　　　14−8＝6

> 100の まとまり
> 1こを、10の
> まとまり 10こと
> みて 計算するんだね。

**2** 125−67 を 筆算で しましょう。

**とき方** ❶ 一の位は、十の位から

1 くり下げて、15−7＝ ▢8▢

❷ 十の位は、百の位から

1 くり下げて、▢ −6＝ ▢

|   | 1 | 2 | 5 |
|---|---|---|---|
| − |   | 6 | 7 |
|   |   |   |   |

★ できた もんだいには、「た」を かこう！★

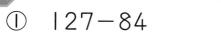

できち **1** 　できち **2** 　できち **3**

教科書 上 87〜89 ページ 　答え 11 ページ

**1** 筆算で しましょう。

教科書 88 ページ ⑨、89 ページ ⑪

① 127−84 　② 145−60 　③ 132−45

**2** 計算を しましょう。

教科書 88 ページ ⑩

① 159−73 　　② 138−64

③ 114−20 　　④ 162−70

! まちがいちゅうい

**3** 計算を しましょう。

教科書 89 ページ ⑫

① 135−67 　　② 152−85

③ 173−98 　　④ 124−76

⑤ 140−89 　　⑥ 180−94

 ❸ くり下がりが 2回 ある ひき算です。くり下げた ことが わかるように、
それぞれ 筆算の 上に 小さく メモを して おきましょう。

## 百の位から くり下がる ひき算-(2)
## 3つの 数の たし算

教科書 上89〜93ページ　答え 11ページ

✏ つぎの ◻ に あてはまる 数を 書きましょう。

◎めあて 十の位が0のひき算ができるようになろう。　れんしゅう ①②→

🐾 103-28の 筆算の しかた

$$\begin{array}{r} 103 \\ -\ 28 \\ \hline \end{array}$$
➡
$$\begin{array}{r} 1\overset{9}{\cancel{10}}3 \\ -\ 28 \\ \hline 5 \end{array}$$
13-8=5
➡
$$\begin{array}{r} 1\overset{9}{\cancel{10}}3 \\ -\ 28 \\ \hline 75 \end{array}$$
9-2=7

百の位から
じゅんに
くり下げよう。

**1** 102-54を 筆算で しましょう。

とき方　百の位から じゅんに くり下げて、

① 一の位は、12-4=8

② 十の位は、◻ -5=◻

| | 1 | 0 | 2 |
|---|---|---|---|
| - | | 5 | 4 |
| | | | |

◎めあて 3つの数のたし算を、くふうして計算できるようになろう。　れんしゅう ③→

🐾 たし算の きまり

たし算では、たす
じゅんじょを かえても、
答えは 同じに なります。

18+7+3

・じゅんに たす。　・まとめて たす。

18 +7=25　　　7 + 3 =10

25 +3=28　　　18 + 10 =28

**2** つぎの 計算を して、答えを くらべましょう。

あ 28+6+4　　　い 28+(6+4)

とき方　( )の 中は、先に 計算します。

あ 28+6+4=34+4=38

い 28+(6+4)=28+ ◻10◻ = ◻

あも いも 答えは ◻ で、同じに なります。

どちらが
計算しやすい
かな？

教科書 上89〜93ページ　答え 11ページ

## 1 筆算で しましょう。

教科書 90ページ ⑬、91ページ ⑮・⑱

① 102−38　　② 107−9　　③ 266−9

!まちがいちゅうい

## 2 計算を しましょう。

教科書 90ページ ⑭、91ページ ⑰・⑲

① 106−87　　② 103−95　　③ 105−8

④ 342−7　　⑤ 570−16

百の位が 大きく なっても、
計算の しかたは 同じだよ。

## 3 くふうして 計算しましょう。

教科書 93ページ ㉑

① 39+27+13

② 47+19+21

🔍よくみて
③ 36+28+14

（ ）を つかって、
じゅんじょを
かえて
計算しよう。

ヒント
2 ①②③ 百の位から じゅんに くり下げて 計算しましょう。
3 ③ まず、28と 14を 入れかえて みましょう。

**6 たし算と ひき算**

知識・技能 /80点

**1** 右の 筆算の しかたを せつ明して います。
□に あてはまる 数を 書きましょう。 1つ3点(12点)

❶ 位を たてに そろえて 書く。

❷ 一の位の 計算を する。

4−1=□

❸ 十の位の 計算を する。
3から 7は ひけないので、
百の位から □ くり下げる。

13−7=□

❹ 134−71=□

$$\begin{array}{r} 134 \\ -\ \ 71 \end{array}$$

**2** よく出る 計算を しましょう。 1つ5点(30点)

① 54+84

② 98+35

③ 67+38

④ 8+94

⑤ 426+5

⑥ 754+39

**❸** よく出る 計算を しましょう。

1つ5点(30点)

① 128−84

② 154−76

③ 101−19

④ 107−98

⑤ 450−7

⑥ 643−26

**❹** よく出る くふうして 計算しましょう。

1つ4点(8点)

① 26+18+42

② 17+54+13

---

思考・判断・表現　　　　　　　　　　　　　　　　　　／20点

**❺** かえでさんは 105円 もって います。
89円の おかしを 買うと、のこりは 何円に
なるでしょうか。

式・答え 1つ5点(10点)

式

答え（　　　　　　　　）

できたらスゴイ！

**❻** みなとさんは シールを 46まい もって います。
お兄さんから 8まい、お姉さんから 12まい もらうと、
ぜんぶで 何まいに なるでしょうか。

式・答え 1つ5点(10点)

式

答え（　　　　　　　　）

 ❶が わからない ときは、38ページの ❶に もどって かくにんして みよう。

ふろくの 「計算せんもんドリル」⑪〜㉒ も やって みよう！

43

算数ワールド

# 何人 いるかな

教科書　上96ページ　答え　12ページ

**1** みんなで 何人 いるでしょうか。

ぼくは前から7番め。

さとし

後ろからは9番めです。

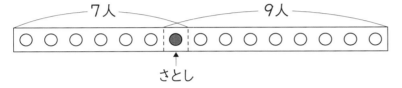

7人　9人

さとし

7+9では、
さとしさんを
2回 数える
ことに なるね。

式　7+9－ ☐ ＝ ☐

答え ☐ 人

**2** みんなで 何人 いるでしょうか。

わたしの前に7人。

なつみ

後ろに8人います。

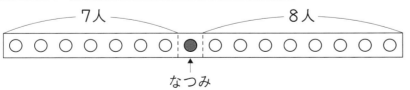

7人　8人

なつみ

7+8では、
なつみさんを
数えて
いないね。

式　7+8＋ ☐ ＝ ☐

答え ☐ 人

**3** うんどう場に　子どもが　ならんで　います。

① のぞみさんは、前から　6番めで、後ろからは　8番めです。
みんなで　何人　いるでしょうか。
下の　図を　かんせいさせて　答えましょう。

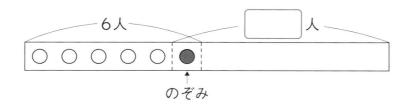

式

答え（　　　　　　）

② 子どもが　何人か　ふえました。りくさんの　前には
8人　いて、後ろには　9人に　なりました。
みんなで　何人に　なったでしょうか。
下の　図を　かんせいさせて　答えましょう。

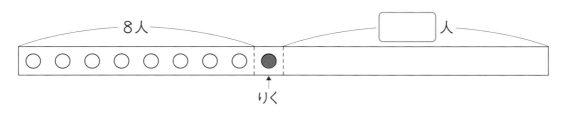

式

答え（　　　　　　）

45

がくしゅうび 月　日

## 7 時こくと　時間

✏️ つぎの　□に　あてはまる　数や　ことばを　書きましょう。

◎めあて　時こくと時間のちがいがわかるようになろう。　　れんしゅう ①②→

🐾 時こく、時間

時計が　あらわす　時こくは　10時20分です。
長い　はりが　1めもり　すすむ　時間を
1分間と　いいます。
長い　はりが　ひとまわりする　時間は
60分間です。
60分間を　1時間と　いいます。

1分間

何時何分が　時こくで、
時こくと　時こくの
間が　時間だよ。

**1** おきてから　家を　出るまでの　時間は　何分間でしょうか。

とき方　長い　はりが　40めもり
すすんで　いるので

□ 分間です。

おきる　　　　家を　出る

◎めあて　午前・午後のいみや1日の時間のながれを知ろう。　　れんしゅう ③→

🐾 午前・午後、1日の　時間

午前・午後は、それぞれ
12時間です。
1日は　24時間です。

正午

**2** 「夜　10時に　ねる。」ことを、午前か
午後を　つけて　いいましょう。

午前12時は、午後0時、
また、正午とも　いうよ。

とき方　正午から　夜中の　12時までは、午後です。
「□ 10時に　ねる。」と　いいます。

📖 教科書　上 97〜101 ページ　➡ 答え　13 ページ

**1** 時計を 見て 答えましょう。

教科書 98 ページ **1**

① 家を 出た 時こくを
答えましょう。

（　　　　　　　　　）

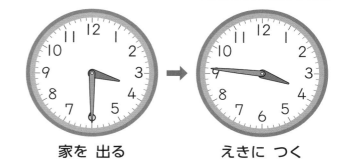

家を 出る　　→　　えきに つく

② 家を 出てから えきに
つくまでの 時間は
何分間でしょうか。

（　　　　　　　　　）

!まちがいちゅうい

**2** 時こくを 答えましょう。

教科書 99 ページ ①

① 2時40分から 30分
たった 時こく

20分 たつと
3時に なるね。

（　　　　　　　　　）

② 8時から 2時間 たった
時こく

1時間 たつと
9時だから…。

（　　　　　　　　　）

**3** 時こくを、午前か 午後を つけて 答えましょう。

教科書 100 ページ **2**

①

朝ごはんを 食べはじめる

（　　　　　　　　）

②

夕ごはんを 食べはじめる

（　　　　　　　）

③

ねる

（　　　　　　　）

👄 **ヒント**　① ② 長い はりが 何めもり すすんだか 考えよう。
② ① 30分を 20分と 10分に 分けて 考えよう。

ぴったり③
たしかめのテスト

**❼ 時こくと　時間**

時間 **30** 分

／100

ごうかく **80** 点

教科書　上 97〜103 ページ　　答え　13 ページ

知識・技能　　　　　　　　　　　　　　　　　　　　　　　　　　／40点

**❶** □に　あてはまる　数を　書きましょう。　　　1つ5点(15点)

① 午前は □ 時間です。

② 午後は □ 時間です。

③ 1日は □ 時間です。

**❷** よく出る 時こくを　午前か　午後を　つけて　答えましょう。

1つ5点(10点)

①

登校する

(　　　　　　　　)

②

きゅう食を　食べはじめる

(　　　　　　　　)

**❸** よく出る □に　あてはまる　数を　書きましょう。　1もん5点(15点)

① 1時間＝□分

② 1時間 30 分＝□分

③ 100 分＝□時間□分

思考・判断・表現　　　　　　　　　　　　　　　　　　　　　　　　　　　/60点

**4** はるさんは　公園へ　あそびに　行きました。　　　　　　　1つ10点(20点)

① 公園に　いた
時間は　何分間で
しょうか。

（　　　　　　　　　）

公園に　つく　　　　　　　　　公園を　出る

② 公園を　出た
時こくを　答えましょう。

（　　　　　　　　　　　　　　）

**5** 時計を　見て　答えましょう。　　　　　　　　　　　　1つ10点(20点)

① 　　10時10分から　10時40分までは
何分間でしょうか。

（　　　　　　　　　　　　　　）

② 　　　　　　　4時55分から　10分　たった　時こくを
答えましょう。

（　　　　　　　　　　　　　　）

できたらスゴイ！

**6** かえでさんは、午前11時に　家を　出て、2時間　かけて
おばさんの　家に　つきました。　　　　　　　　　　　1つ10点(20点)

① おばさんの　家に　ついた　時こくを、午前か　午後を　つけて
答えましょう。

（　　　　　　　　　　　　　　）

② おばさんの　家を　出たのは　午後3時でした。
午前11時から　午後3時までは　何時間でしょうか。

（　　　　　　　　　　　　　　）

 ❶が　わからない　ときは、46ページの　❷に　もどって　かくにんして　みよう。

→ この　本の　おわりに　ある　「夏の　チャレンジテスト」を　やって　みよう！

## ぴったり ① じゅんび

3分でまとめ

8 水のかさ
### かさのあらわし方
### リットル ／ 小さいかさのたんい

がくしゅうび  月  日

教科書 上106～112ページ  答え 14ページ

つぎの □ にあてはまる数を書きましょう。

◎めあて かさのたんい L がわかるようになろう。

れんしゅう ①→

🐾 **リットル**

かさのたんいにはリットルがあります。
└─ 水などのりょう。

1リットルを 1L と書きます。

**1** 右の水のかさは何 L でしょうか。

とき方  1L の 4 こ分で

□ L です。

◎めあて かさのたんい dL、mL がわかるようになろう。

れんしゅう ① ② ③→

🐾 **デシリットル**

1L を同じかさに 10 こに分けた 1こ分のかさを 1デシリットルといい、1dL と書きます。

🐾 **ミリリットル**

dL より小さいかさのたんいにミリリットルがあります。

1ミリリットルは 1mL と書きます。

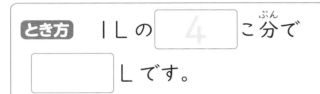

1L = 10 dL

1L = 1000 mL

1dL = 100 mL

**2** 右の水のかさはどれだけでしょうか。

とき方  1dL の □ めもりで □ dL です。

また、1dL＝100mL だから、 □ mL です。

1めもりが 1dL だよ。

ぴったり2
# れんしゅう

★ できたもんだいには、「た」をかこう！★
でき ① でき ② でき ③

がくしゅうび
月　　　日

教科書　上 106〜112 ページ　答え　14 ページ

## 1 水のかさはどれだけでしょうか。

教科書　109 ページ 2、110 ページ 3、111 ページ ②

①
（　　　　　　　　L）

②
（　　　　　　　　dL）

 よくみて
③
（　　　　　　　　dL）

④
（　　　L　　　dL）

## 2 □にあてはまる数を書きましょう。

教科書　111 ページ ③、112 ページ ⑤

① 4 L =□ dL

② 1 L 8 dL =□ dL

③ 5 dL =□ mL

④ 3 L =□ mL

⑤ 27 dL =□ L □ dL

## 3 □にあてはまる＞か＜のしるしを書きましょう。

教科書　111 ページ ④、112 ページ ⑥

① 23 dL □ 3 L 2 dL

② 1 L □ 100 mL

③ 7 dL □ 800 mL

同じたんいにして
大きさをくらべよう。

 ヒント
　1 ③④　1 L ますの 1 めもりは、1 dL をあらわします。
　2 　1 L＝10 dL、1 L＝1000 mL、1 dL＝100 mL　で考えよう。

51

⑧ 水のかさ
## かさの計算

教科書　上 113 ページ　　答え　14 ページ

✐ つぎの □ にあてはまる数を書きましょう。

◎めあて　かさの計算ができるようになろう。　　れんしゅう ① ②➡

🐾 かさの計算

　かさは、たしたり、ひいたりすることができます。

2L　4dL ＋ 3L ＝ 5L　4dL

2L＋3L＝5L

同じたんいの
数どうしを計算するよ。

**1** 水が、かんに 5L 3dL、バケツに 3L
入っています。

(1)　あわせて何 L 何 dL でしょうか。

(2)　ちがいは何 L 何 dL でしょうか。

5L3dL　　3L

**とき方**　(1)　あわせたかさは、たし算です。

式　5L 3dL ＋ 3L ＝ 　8　 L □ dL

5L＋3L

L どうしを
たそう。

答え □ L □ dL

(2)　かさのちがいは、ひき算です。

式　5L 3dL － 3L ＝ □ L □ dL

5L－3L

答え □ L □ dL

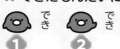
教科書 上113ページ 答え 14ページ

**1** 水が、なべに 2L4dL、コップに 3dL 入っています。

教科書 113ページ **5**・⑧

① あわせて何 L 何 dL でしょうか。

式

式は、たし算かな？
ひき算かな？

答え（　　　　　　　　　）

② ちがいは何 L 何 dL でしょうか。

式

答え（　　　　　　　　　）

**！まちがいちゅうい**

**2** 計算をしましょう。

教科書 113ページ ⑦

① 2L＋5L

② 9dL－3dL

③ 400mL＋300mL

④ 3L＋1L2dL

L は L、dL は dL、
mL は mL と同じ
たんいで計算しよう。

⑤ 7L8dL－6dL

**ヒント**　**1 2** かさのたし算やひき算では、同じたんいどうしを計算します。

53

ぴったり③
たしかめのテスト

⑧ 水のかさ

時間 30 分
／100
ごうかく 80 点

教科書 上 106〜116 ページ　 答え 15 ページ

知識・技能　　　　　　　　　　　　　　　　　　　　　／80点

**1** よく出る 水のかさを（　）の中のたんいであらわしましょう。

1つ5点（15点）

①

（　　　　　　　　　L）

②

（　　　　　　　　　dL）

③

（　　　　　L　　　　dL）

**2** よく出る □にあてはまる数を書きましょう。　　　1つ5点（20点）

①　5L =［　　　　　］dL　　　　②　20 dL =［　　　　　］L

③　900 mL =［　　　　　］dL　　④　3L 4 dL =［　　　　　］dL

**3** □にあてはまるたんいを書きましょう。　　　1つ5点（10点）

①　やかんに入る水のかさ　　　　　2［　　　　　］

②　ペットボトルに入る水のかさ　　5［　　　　　］

**4** □にあてはまる＞か＜のしるしを書きましょう。　　1つ5点(15点)

① 3L □ 32 dL　　　　② 800 mL □ 1 L

③ 4 dL □ 300 mL

**5** よく出る 計算をしましょう。　　1つ5点(20点)

① 3L＋4L　　　　② 900 mL－700 mL

③ 2 dL＋6L4 dL　　　　④ 7L5 dL－5L

思考・判断・表現　　　　　　　　　　　　／20点

できたらスゴイ！

**6** 水が、水とうに8 dL、コップに5 dL 入っています。　式・答え 1つ5点(20点)
① あわせて何 L 何 dL でしょうか。

式

答え（　　　　　　　　　　　）

② ①であわせた水を、2L 入るなべに入れました。
なべには、あと何 dL 入るでしょうか。

式

答え（　　　　　　　　　　　）

　①①がわからないときは、50 ページの1にもどってかくにんしてみよう。

55

# 三角形と四角形

3分でまとめ

教科書　上 118～122 ページ　答え　15 ページ

✏️ つぎの □ にあてはまる記号や数を書きましょう。

🎯 **めあて**　三角形、四角形はどんな形なのかりかいしよう。

れんしゅう **1** **3** →

🐾 **三角形**

3本の直線でかこまれた形を、**三角形**といいます。

🐾 **四角形**

4本の直線でかこまれた形を、**四角形**といいます。

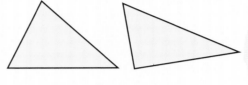

はってん
5本の直線でかこまれた形を五角形というよ。

**1** 三角形、四角形を見つけましょう。

あ、おは、まがった線があるよ。

**とき方**　三角形は、3本の直線でかこまれた形だから [ か ]、

四角形は、[　] 本の直線でかこまれた形だから [　] です。

🎯 **めあて**　辺、ちょう点のいみをりかいしよう。

れんしゅう **2** →

🐾 **辺、ちょう点**

三角形や四角形のまわりの直線を **辺**、かどの点を **ちょう点** といいます。

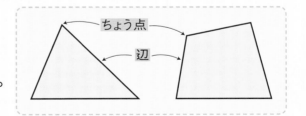

ちょう点

辺

**2** 四角形には、辺やちょう点がそれぞれいくつあるでしょうか。

**とき方**　右の四角形の ○ が辺、● がちょう点です。

辺は [　] 本、

ちょう点は [　] こあります。

辺とちょう点の数は、同じだね。

教科書　上118〜122ページ　答え　15ページ

**1** 三角形、四角形をすべて見つけましょう。　教科書 121ページ①

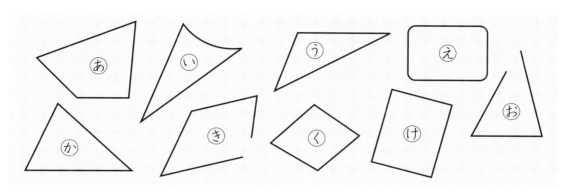

三角形（　　　　　　　）　四角形（　　　　　　　）

**2** ☐にあてはまる数やことばを書きましょう。　教科書 121ページ③

① 三角形には、辺が ⑦☐ 本、
ちょう点が ④☐ こあります。

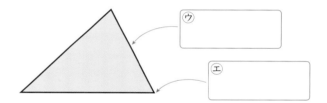

② 四角形には、辺が ⑦☐ 本、
ちょう点が ④☐ こあります。

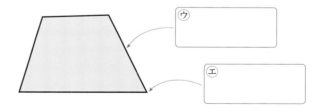

**！まちがいちゅうい**

**3** 点と点を直線でむすんで、三角形と四角形を１つずつかきましょう。
教科書 121ページ②

 ❸ 三角形は点を3つ、四角形は点を4つえらんで、その点を直線で
むすんでかきます。

ぴったり 1
じゅんび

9 三角形と四角形

直角 ／ 長方形と正方形
直角三角形

がくしゅうび　　　月　　　日

教科書　上 122〜129 ページ　答え　16 ページ

✎ つぎの ▭ にあてはまる記号や数を書きましょう。

🎯めあて　直角の形をおぼえよう。　　　れんしゅう ①→

🐾 直角

右のようなかどの形を直角
といいます。

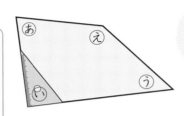

←直角

**1** 直角のかどはどれでしょうか。

とき方　三角じょうぎの直角のかど
がぴったりかさなる ▭ が
直角です。

三角じょうぎの
かどは直角に
なっているね。

🎯めあて　長方形、正方形、直角三角形はどんな形なのかりかいしよう。　　れんしゅう ②③→

🐾 長方形

4つのかどがみんな直角
で、むかい合っている辺
の長さが同じ四角形

直角を
あらわす
しるし

同じ長さ

同じ長さ

🐾 正方形

4つのかどがみんな
直角で、4つの辺の
長さがみんな同じ
四角形

同じ長さ

🐾 直角三角形

直角のかどが
ある三角形

**2** 正方形を見つけましょう。

とき方　4つのかどがみんな直角で、
▭ つの辺の長さがみんな
同じ四角形は ▭ です。

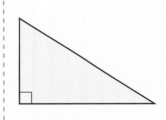

かどの形や辺の長さを
たしかめてみよう。

ぴったり 2
れんしゅう

★ できたもんだいには、「た」をかこう！ ★
でき ① でき ② でき ③

がくしゅうび
月　　　日

教科書 上 122〜129 ページ　答え 16 ページ

**1** かどの形が直角になっているものを見つけましょう。

教科書 123 ページ ③

あ　　　　　　　　　い　　　　　　　　　う

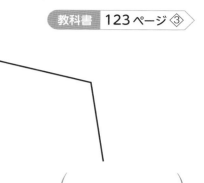

(　　　　　)

🔍 よくみて

**2** 長方形、正方形、直角三角形を見つけましょう。

教科書 125 ページ ⑤、127 ページ ⑧、128 ページ ⑩

① 長方形 (　　　)　② 正方形 (　　　)　③ 直角三角形 (　　　)

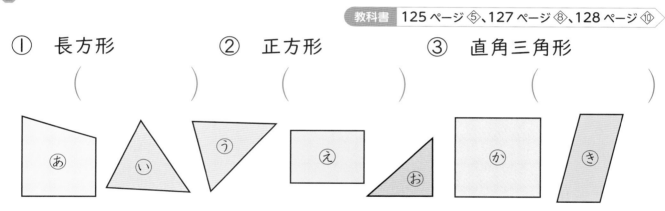

**3** つぎの形を方がんにかきましょう。

教科書 129 ページ ❻

① ２つの辺の長さが２cm と４cm の長方形
② １つの辺の長さが３cm の正方形

1cm
1cm

ますのかどは
直角だね。

😊 ヒント　❸ 方がんのますは、１つの辺の長さが１cm の正方形になっています。

**59**

📖 教科書　上118〜133ページ　🔚 答え　16ページ

知識・技能　　　　　　　　　　　　　　　　　　　　／60点

**❶** よく出る 三角形、四角形を見つけましょう。　　　　1つ5点(10点)

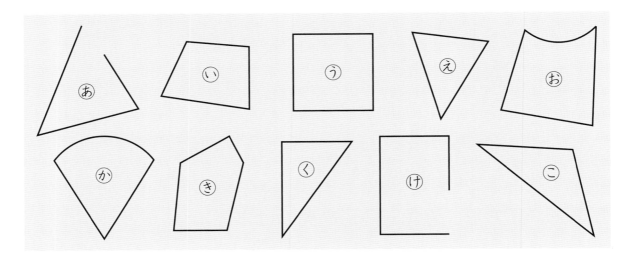

三角形 （　　　　　　　　）

四角形 （　　　　　　　　）

**❷** 長方形、正方形、直角三角形を見つけましょう。　　　1つ10点(30点)

① 長方形

（　　　　）

② 正方形

（　　　　）

③ 直角三角形

（　　　　）

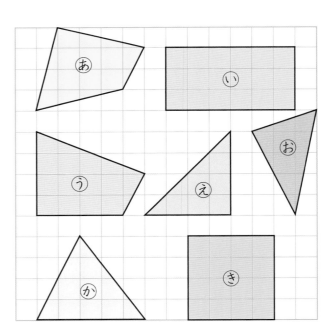

**3** よく出る □ にあてはまる数やことばを書きましょう。　1つ5点(20点)

① 三角形に辺は □ 本あります。

② 四角形にちょう点は □ こあります。

③ 長方形の4つのかどは、みんな □ になっています。

④ 直角のある三角形を □ といいます。

思考・判断・表現　　　　　　　　　　　　　　　／40点

**4** 右の形について答えましょう。　1つ10点(20点)

① あの辺の長さは何cmでしょうか。

（　　　　　　　）

② まわりの長さは何cmでしょうか。

（　　　　　　　）

できたらスゴイ!

**5** 長方形の紙を、下のようにおって切ります。　1つ10点(20点)

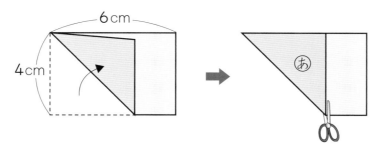

① あの三角形をひらくと、何という形ができるでしょうか。

（　　　　　　　）

② ①でできた形のまわりの長さは何cmでしょうか。

（　　　　　　　）

ふりかえり ① がわからないときは、56ページの① にもどってかくにんしてみよう。

ぴったり **1** **じゅんび**

⏰ ⑩ かけ算

10 かけ算

（かけ算の式）

がくしゅうび　　月　　日

📖 教科書　下 4〜11 ページ　　➡ 答え　17 ページ

3分でまとめ

✏️ つぎの □ にあてはまる数を書きましょう。

🎯 **めあて**　かけ算のいみがわかるようになろう。　　れんしゅう **1** →

🐾 **かけ算**

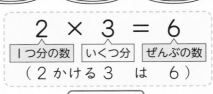

|1つ分の数|いくつ分|ぜんぶの数|
|---|---|---|

2 こ ずつ 3 さら 分で 6 こ になります。

このことを、式で右のように書きます。

このような計算をかけ算といいます。

2 × 3 = 6

1つ分の数　いくつ分　ぜんぶの数

（2 かける 3　は　6）

**1** かけ算の式にあらわしましょう。

**とき方**　3本ずつ □ はこ分だから、3× 6

🎯 **めあて**　かけ算の答えのもとめ方をりかいしよう。　　れんしゅう **2** →

🐾 **かけ算の答えのもとめ方**

3×4 の答えは、3＋3＋3＋3 で

もとめることができます。

**2** みかんはぜんぶで何こあるでしょうか。

かけ算の式にあらわして、答えをもとめ

ましょう。

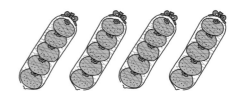

**とき方**　5こずつ □ ふくろ分だから、5× □

1つ分の数　　いくつ分

1つ分の数→

5＋5＋5＋ □ ＝ □ でもとめることができるから、

いくつ分

5×4＝ □ （こ）

ぴったり 2
# れんしゅう

★ できたもんだいには、「た」をかこう！ ★

でき ① でき ②

教科書 下 4〜11 ページ　　答え 17 ページ

**1** かけ算の式にあらわしましょう。

教科書 7 ページ ①

①

（　　×　　）

② 

（　　　　　　）

🔍 よくみて

③

（　　　　　　）

**2** ぜんぶで何こあるでしょうか。
かけ算とたし算の 2 つの式を書きましょう。

教科書 9 ページ ❸・③

①

かけ算の式（　　　　　　　　　）

たし算の式（　　　　　　　　　）

何を何回
たせば
いいかな？

答え（　　　　　）

②

かけ算の式（　　　　　　　　　）

たし算の式（　　　　　　　　　）

答え（　　　　　）

 ❶ 1 つ分の数×いくつ分＝ぜんぶの数　となります。
　　② 6 本ずつ 3 はこ分です。

63

**ぴったり 1**
# じゅんび

**⑩ かけ算**
# 5のだんと2のだんの九九

教科書 下12〜16ページ　答え 17ページ

✏ つぎの　□　にあてはまる数を書きましょう。

**◎めあて** 5のだんと2のだんの九九をおぼえよう。　　**れんしゅう ① ② ③ →**

### 🐾 5のだんの九九

| | |
|---|---|
| 5×1= 5 | 五一 が 5 |
| 5×2=10 | 五二 10 |
| 5×3=15 | 五三 15 |
| 5×4=20 | 五四 20 |
| 5×5=25 | 五五 25 |
| 5×6=30 | 五六 30 |
| 5×7=35 | 五七 35 |
| 5×8=40 | 五八 40 |
| 5×9=45 | 五九 45 |

### 🐾 2のだんの九九

| | |
|---|---|
| 2×1= 2 | 二一 が 2 |
| 2×2= 4 | 二二 が 4 |
| 2×3= 6 | 二三 が 6 |
| 2×4= 8 | 二四 が 8 |
| 2×5=10 | 二五 10 |
| 2×6=12 | 二六 12 |
| 2×7=14 | 二七 14 |
| 2×8=16 | 二八 16 |
| 2×9=18 | 二九 18 |

このようないい方を**九九**といいます。

**1** 5のだんの九九の答えは、
いくつずつふえているでしょうか。

九九は、声にだして
おぼえよう。

**とき方**

5×1= 5
　　　　　} 5 ふえる
5×2= 10
　　　　　} □ ふえる
5×3= 15
　⋮　⋮

5のだんの九九の答えは、
5、10、15、…と
ならんでいます。
□ ずつふえています。

**2** 2のだんの九九の答えは、いくつずつふえているでしょうか。

**とき方**

2×1= 2
　　　　　} □ ふえる
2×2= 4
　　　　　} □ ふえる
2×3= 6
　⋮　⋮

2のだんの九九の答えは、
2、4、6、…と
ならんでいます。
□ ずつふえています。

教科書　下 12〜16 ページ　答え　17 ページ

**1** 計算をしましょう。

教科書　12 ページ **6**、15 ページ **7**

① 5×1　　　② 2×4　　　③ 2×9

④ 5×6　　　⑤ 5×8　　　⑥ 2×7

⑦ 5×3　　　⑧ 2×6　　　⑨ 5×2

**2** えんぴつを 1 人に 5 本ずつ 7 人にくばります。
　　えんぴつは、ぜんぶで何本いるでしょうか。

教科書　14 ページ ⑤・⑥

式

答え （　　　　　　　）

**よくよんで**

**3** 2 人ずつの組が 5 組あります。
　　ぜんぶで何人いるでしょうか。

教科書　16 ページ ⑦・⑧

式

答え （　　　　　　　）

　**ヒント**　　**2** 5 本ずつ 7 人分の数をもとめます。
　　　　　かけ算の式　1 つ分の数×いくつ分＝ぜんぶの数　にあてはめます。

10 かけ算
3のだんと4のだんの九九
かけ算のもんだいづくり

教科書 下 17〜21 ページ　答え 18 ページ

つぎの◯にあてはまる数を書きましょう。

めあて　3のだんと4のだんの九九をおぼえよう。　れんしゅう ① ② ③ →

### 3のだんの九九

| 3×1＝ 3 | 三一 が 3 |
| 3×2＝ 6 | 三二 が 6 |
| 3×3＝ 9 | 三三 が 9 |
| 3×4＝12 | 三四 12 |
| 3×5＝15 | 三五 15 |
| 3×6＝18 | 三六 18 |
| 3×7＝21 | 三七 21 |
| 3×8＝24 | 三八 24 |
| 3×9＝27 | 三九 27 |

### 4のだんの九九

| 4×1＝ 4 | 四一 が 4 |
| 4×2＝ 8 | 四二 が 8 |
| 4×3＝12 | 四三 12 |
| 4×4＝16 | 四四 16 |
| 4×5＝20 | 四五 20 |
| 4×6＝24 | 四六 24 |
| 4×7＝28 | 四七 28 |
| 4×8＝32 | 四八 32 |
| 4×9＝36 | 四九 36 |

3×9の式で、3をかけられる数といい、9をかける数といいます。

**1** 3×5の答えは、3×4の答えよりいくつ大きいでしょうか。

とき方　3×4＝ 12
1ふえる↓　　③ふえる
3×5＝◯

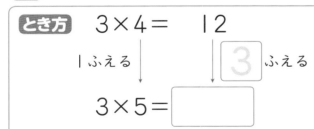 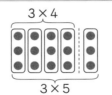 

3×5の答えは、3×4の答えより◯大きい。

**2** 4×4の答えは、4×3の答えよりいくつ大きいでしょうか。

とき方　4×3＝ 12
1ふえる↓　◯ふえる
4×4＝◯

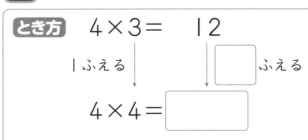 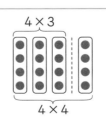

かけられる数だけ
ふえているね。

4×4の答えは、4×3の答えより◯大きい。

66

教科書　下 17〜21 ページ　答え　18 ページ

**1** 計算をしましょう。

教科書　17 ページ **8**、19 ページ **9**

① 4×2　　　② 3×7　　　③ 4×6

④ 4×8　　　**！まちがいちゅうい**
⑤ 3×9　　　⑥ 3×8

⑦ 3×3　　　⑧ 4×7　　　⑨ 4×9

📖 よくよんで

**2** ケーキが4こずつ入ったはこが5はこあります。
ケーキはぜんぶで何こあるでしょうか。

教科書　20 ページ ⑪・⑫

式

答え（　　　　　　　　　）

🔍 よくみて

**3** 右の絵を見て、5×4 の式になる
かけ算のもんだいをつくりましょう。

教科書　21 ページ **10**

「風船を [　　　] こずつもった子どもが [　　　] 人います。

風船は、ぜんぶで何こあるでしょうか。」

● ヒント　**3** 1つ分の数が5、いくつ分をあらわす数が4のかけ算のもんだいを
つくりましょう。

67

知識・技能 ／60点

**1** ケーキが2こずつのったさらが、5さらあります。
ケーキはぜんぶで何こあるか考えます。

◯にあてはまる数を書きましょう。 1つ3点（12点）

2こずつ5さら分で10こになります。

このことを、式でつぎのように書きます。

$$2 \times \boxed{①\phantom{xx}} = \boxed{②\phantom{xx}}$$

2×5の答えは、$\boxed{③\phantom{xx}} + \boxed{④\phantom{xx}} + 2 + 2 + 2$ で

もとめることもできます。

**2** ◯にあてはまる数を書きましょう。 1つ4点（8点）

① 4×6の答えは、4×5の答えより $\boxed{\phantom{xxx}}$ 大きいです。

② 3のだんの答えは、$\boxed{\phantom{xxx}}$ ずつ大きくなります。

**3** よく出る 計算をしましょう。 1つ5点（40点）

① 2×3 ② 5×4

③ 5×5 ④ 3×9

⑤ 4×4 ⑥ 2×8

⑦ 3×6 ⑧ 4×7

思考・判断・表現 　　　　　　　　　　　　　　　　　　　　　　　　／40点

❹ 絵を見て、下の式になるかけ算のもんだいをつくりましょう。 (8点)

4×6

❺ よく出る ノートを1人に3さつずつ5人にくばります。
ノートはぜんぶで何さついるでしょうか。　　　　式・答え 1つ5点(10点)
式

答え（　　　　　　　　　）

❻ 4人ずつすわれるいすが8つあります。　　　　式・答え 1つ5点(15点)
①　ぜんぶで何人すわれるでしょうか。
式

答え（　　　　　　　　　）

②　いすが1つふえると、すわれる人数は何人ふえるでしょうか。

（　　　　　　　　　）

できたらスゴイ！

❼ 4×5をあらわしている図を、ぜんぶえらびましょう。 (7点)

あ 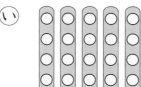　　　い　　　　　　　う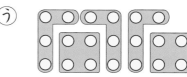

（　　　　　　　　　）

ふりかえり ❶がわからないときは、62ページの❷にもどってかくにんしてみよう。

69

## ぴったり1 じゅんび

**11** かけ算九九づくり
# 6のだんと7のだんの九九

教科書　下 27〜32 ページ　　答え　19 ページ

✏ つぎの ▢ にあてはまる数を書きましょう。

🎯 **めあて** 6のだんと7のだんの九九をおぼえよう。

れんしゅう ① ② ③ →

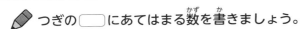

### 🐾 6のだんの九九

| | | |
|---|---|---|
| 6×1= 6 | 六一 が | 6 |
| 6×2=12 | 六二 | 12 |
| 6×3=18 | 六三 | 18 |
| 6×4=24 | 六四 | 24 |
| 6×5=30 | 六五 | 30 |
| 6×6=36 | 六六 | 36 |
| 6×7=42 | 六七 | 42 |
| 6×8=48 | 六八 | 48 |
| 6×9=54 | 六九 | 54 |

### 🐾 7のだんの九九

| | | |
|---|---|---|
| 7×1= 7 | 七一 が | 7 |
| 7×2=14 | 七二 | 14 |
| 7×3=21 | 七三 | 21 |
| 7×4=28 | 七四 | 28 |
| 7×5=35 | 七五 | 35 |
| 7×6=42 | 七六 | 42 |
| 7×7=49 | 七七 | 49 |
| 7×8=56 | 七八 | 56 |
| 7×9=63 | 七九 | 63 |

**1** つぎのだんの九九で、かける数が1ふえると、答えはいくつふえるでしょうか。

(1) 6のだん　　　　　　　　(2) 7のだん

**とき方**

(1) ┊

$6×3=\boxed{18}$

1ふえる↓　　$\boxed{6}$ ふえる

$6×4=\boxed{24}$

1ふえる↓　　▢ ふえる

$6×5=\boxed{30}$

┊

答えは
かけられる
数だけ
ふえて
いるね。

6のだんでは、答えは ▢ ずつふえます。

(2) ┊

$7×3=\boxed{21}$

1ふえる↓　　▢ ふえる

$7×4=\boxed{28}$

1ふえる↓　　▢ ふえる

$7×5=\boxed{35}$

┊

7のだんでは、答えは ▢ ずつふえます。

教科書　下 27〜32 ページ　　答え　19 ページ

**1** 計算をしましょう。

教科書　29 ページ **2**、31 ページ **3**

① 7×2　　　② 6×7　　　③ 7×8

④ 7×9　　　⑤ 6×8　　　⑥ 6×9

⑦ 6×6　　　⑧ 7×7　　　⑨ 7×6

! まちがいちゅうい

**2** つぎの九九を答えましょう。

教科書　30 ページ ②

① 6×2 と同じ答えになる 4 のだんの九九

（　　　　　　　　　　　）

② 6×4 と同じ答えになる 3 のだんの九九

（　　　　　　　　　　　）

**3** 1 週間は 7 日あります。
3 週間では、何日あるでしょうか。

教科書　32 ページ ③

式

答え（　　　　　　　　　）

 ヒント
**2** ① 6×2＝12　答えが 12 になる 4 のだんの九九をさがします。
**3** 7 日の 3 つ分と考えて、かけ算の式をつくりましょう。

**⑪ かけ算九九づくり**

# 8のだんと9のだんの九九

教科書 下33〜36ページ　答え 19ページ

 つぎの ◯ にあてはまる数を書きましょう。

**めあて**　8のだんと9のだんの九九をおぼえよう。　　れんしゅう ① ② ③ →

### 🐾 8のだんの九九

| | | |
|---|---|---|
| 8×1= 8 | 八一 が | 8 |
| 8×2=16 | 八二 | 16 |
| 8×3=24 | 八三 | 24 |
| 8×4=32 | 八四 | 32 |
| 8×5=40 | 八五 | 40 |
| 8×6=48 | 八六 | 48 |
| 8×7=56 | 八七 | 56 |
| 8×8=64 | 八八 | 64 |
| 8×9=72 | 八九 | 72 |

### 🐾 9のだんの九九

| | | |
|---|---|---|
| 9×1= 9 | 九一 が | 9 |
| 9×2=18 | 九二 | 18 |
| 9×3=27 | 九三 | 27 |
| 9×4=36 | 九四 | 36 |
| 9×5=45 | 九五 | 45 |
| 9×6=54 | 九六 | 54 |
| 9×7=63 | 九七 | 63 |
| 9×8=72 | 九八 | 72 |
| 9×9=81 | 九九 | 81 |

**1** つぎのだんの九九で、かける数が1ふえると、答えはいくつふえるでしょうか。

(1)　8のだん　　　　　　　　(2)　9のだん

**とき方**

(1)　⋮

$$8×3=\boxed{24}$$

1ふえる ↓　　$\boxed{8}$ ふえる

$$8×4=\boxed{32}$$

1ふえる ↓　　$\boxed{\phantom{0}}$ ふえる

$$8×5=\boxed{40}$$

⋮

8のだんは
いくつずつ
ふえて
いるかな？

8のだんでは、答えは $\boxed{\phantom{00}}$ ずつふえます。

(2)　⋮

$$9×3=\boxed{27}$$

1ふえる ↓　　$\boxed{\phantom{0}}$ ふえる

$$9×4=\boxed{36}$$

1ふえる ↓　　$\boxed{\phantom{0}}$ ふえる

$$9×5=\boxed{45}$$

⋮

9のだんでは、答えは $\boxed{\phantom{00}}$ ずつふえます。

教科書 下33〜36ページ　答え 19ページ

**1** 計算をしましょう。

教科書 33ページ **4**、35ページ **5**

① 8×2　　　② 8×7　　　③ 9×6

④ 9×2　　　⑤ 8×6　　　⑥ 8×8

⑦ 9×4　　　⑧ 9×8　　　⑨ 9×9

**よくよんで**

**2** えんぴつが8本ずつ入ったはこを、かえでさんは3はこ、みなとさんは4はこもっています。
　えんぴつは、あわせて何本あるでしょうか。

教科書 34ページ ⑥

式

答え（　　　　　　　）

**3** あつさ9mmの本を5さつかさねます。

教科書 36ページ ⑦

① ぜんぶのあつさは何mmになるでしょうか。

式

答え（　　　　　　　）

② 同じ本をもう1さつかさねると何mmになるでしょうか。

（　　　　　　　）

**②** まず、えんぴつのはこが2人あわせていくつになるか考えます。
それから、かけ算でえんぴつの本数をもとめましょう。

ぴったり **1**

**じゅんび**

⑪ かけ算九九づくり

**1のだんの九九**
**かけ算と倍**

がくしゅうび　　月　　日

教科書　下 37〜39 ページ　答え　20 ページ

✏ つぎの ▢ にあてはまる数を書きましょう。

🎯 めあて　1のだんの九九をおぼえよう。

れんしゅう ❶ ❷ →

🐾 1のだんの九九

| | | |
|---|---|---|
| 1×1＝1 | 一一 が | 1 |
| 1×2＝2 | 一二 が | 2 |
| 1×3＝3 | 一三 が | 3 |
| 1×4＝4 | 一四 が | 4 |
| 1×5＝5 | 一五 が | 5 |
| 1×6＝6 | 一六 が | 6 |
| 1×7＝7 | 一七 が | 7 |
| 1×8＝8 | 一八 が | 8 |
| 1×9＝9 | 一九 が | 9 |

答えは
かける数と
同じだね。

**1** みかんを 1人に 1こずつくばります。
6人分では、みかんは何こいるでしょうか。

とき方　かけ算の式を書いてもとめます。

式　1×▢6▢＝▢　　　答え ▢ こ

🎯 めあて　2倍、3倍のいみやつかい方がわかるようになろう。

れんしゅう ❸ ❹ →

🐾 倍　もとの長さの2つ分のことを2倍、
3つ分のことを3倍といいます。1倍は、
1つ分のことです。

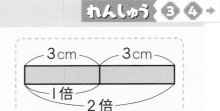

**2** 4cm の 3倍の長さは何 cm でしょうか。

とき方　4cm の 3つ分の長さです。

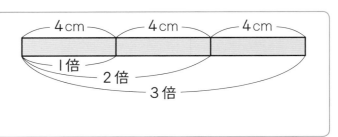

式　4×▢　＝▢

答え ▢ cm

教科書　下 37〜39 ページ　⇒答え　20 ページ

**1** 計算をしましょう。

教科書 37 ページ **6**

① １×２　　　② １×６　　　③ １×８

④ １×５　　　⑤ １×７　　　⑥ １×４

**2** えんぴつを１本ずつ９人にくばります。
えんぴつは何本いるでしょうか。

教科書 37 ページ **6**

式

答え（　　　　　　　　　）

🔍 よくみて

**3** ３cm の４倍の長さになるように、色をぬりましょう。
また、３cm の４倍の長さを、かけ算でもとめましょう。

教科書 39 ページ ⑨

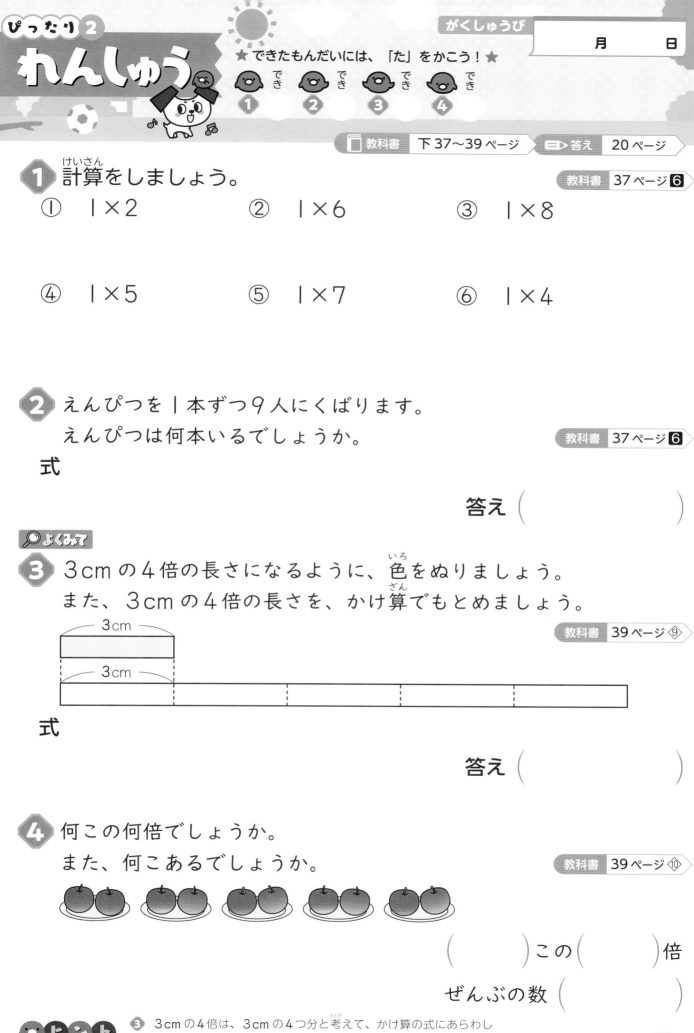

式

答え（　　　　　　　　　）

**4** 何この何倍でしょうか。
また、何こあるでしょうか。

教科書 39 ページ ⑩

（　　　　　　）この（　　　　　　）倍

ぜんぶの数（　　　　　　　　　）

🔵ヒント　❸ ３cm の４倍は、３cm の４つ分と考えて、かけ算の式にあらわし
ましょう。

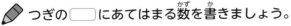

教科書　下 40〜43 ページ　答え　20 ページ

✎ つぎの ▢ にあてはまる数を書きましょう。

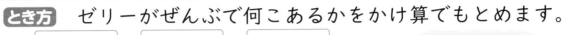
**めあて** みのまわりの場面を、かけ算をつかって考えられるようになろう。　れんしゅう ①②→

**1** ゼリーが、1れつに3こずつ、5れつ分
入っています。7こ食べると、のこりは
何こになるでしょうか。

**とき方**　ゼリーがぜんぶで何こあるかをかけ算でもとめます。

$$\boxed{3} \times \boxed{\phantom{0}} = \boxed{\phantom{0}}$$
1れつの数　　れつの数　　ゼリーの数

ゼリーの数から食べる数をひきます。

$$\boxed{\phantom{0}} - \boxed{\phantom{0}} = \boxed{\phantom{0}}$$
ゼリーの数　　食べる数　　のこりの数

かけ算とひき算を
つかって、答えを
もとめるんだね。

答え ▢ こ

**めあて** かけ算をつかって、くふうしてもとめられるようになろう。　れんしゅう ③→

右の図のような●の数も、分けたり、いどう
したりして、同じ数のまとまりをつくると、
かけ算をつかって計算することができます。

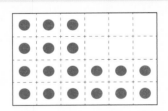

**2** 上の図の●の数をくふうしてもとめましょう。

**とき方**　(1)　2つのまとまりに分けます。

$$4 \times \boxed{3} = \boxed{\phantom{0}} \qquad 2 \times \boxed{\phantom{0}} = \boxed{\phantom{0}}$$

$$\boxed{\phantom{0}} + \boxed{\phantom{0}} = \boxed{\phantom{0}}$$

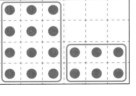

(2)　全体の数から、あいている数をひきます。

$$4 \times 6 = \boxed{\phantom{0}} \qquad 2 \times 3 = \boxed{\phantom{0}}$$

$$\boxed{\phantom{0}} - \boxed{\phantom{0}} = \boxed{\phantom{0}}$$

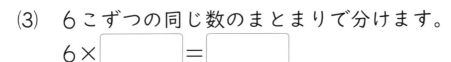

(3)　6こずつの同じ数のまとまりで分けます。

$$6 \times \boxed{\phantom{0}} = \boxed{\phantom{0}}$$

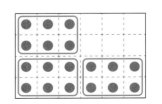

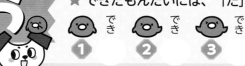
教科書 下40～43ページ 答え 20ページ

**1** みなとさんの学級には、4人のはんが6つと、5人のはんが2つあります。
学級の人数は、ぜんぶで何人でしょうか。

教科書 40ページ **9**

式

答え（　　　　　　　）

よくよんで

**2** 1つの辺の長さが6cmの、正方形のおり紙があります。

教科書 40ページ **9**

① まわりの長さは、1つの辺の長さの何倍でしょうか。

（　　　　　　　）

② この正方形のまわりの長さは何cmでしょうか。

式

答え（　　　　　　　）

6cm

おりがみ

正方形は
どんな四角形
だったかな？

よくみて

**3** ●の数を、くふうしてもとめましょう。

教科書 43ページ **⑪**

①

式

答え（　　　　　　　）

②

● ● ● ● ● ● ● ●
● ● ● ● ● ● ● ●
● ● ● ● ● ● ● ●
● ● ● ● ● ● ● ●

式

答え（　　　　　　　）

ヒント
**③** ① 3このまとまり5つ分と考えて、かけ算でもとめましょう。
② いろいろなもとめ方があるので、まとまりをつくって考えよう。

**⑪ かけ算九九づくり**

教科書 下 27〜46 ページ ⟩ ➡ 答え 21 ページ ⟩

知識・技能 ／56点

**1** はるさんは、8×4 の答えをつぎのように考えてもとめました。
□ にあてはまる数を書きましょう。 1つ4点（16点）

　　8×4 の答えは、8×3 の答えより ①□ 大きいです。

　　8×3＝②□ だから、8×4 の答えは、

　　24＋③□ ＝④□

**2** よく出る 計算をしましょう。 1つ5点（40点）

① 6×4　　　　　　　　② 7×4

③ 9×3　　　　　　　　④ 8×5

⑤ 7×7　　　　　　　　⑥ 9×7

⑦ 1×3　　　　　　　　⑧ 8×9

思考・判断・表現　　　　　　　　　　　　　　　　　　　　　　　／44点

**3** よく出る　6こ入りのたこやきの
さらが3つあります。
　たこやきは、ぜんぶで何こあるでしょうか。　　　　式・答え　1つ5点(10点)

式

答え（　　　　　　　　　　）

**4** あおいさんは7さいで、おかあさんの年れいは、あおいさんの年れ
いの5倍です。おかあさんは何さいでしょうか。　　　式・答え　1つ5点(10点)

式

答え（　　　　　　　　　　）

**5** 1つの辺の長さが9cmの正方形があります。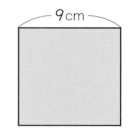
　　　　　　　　　　　　　①4点、②式・答え　1つ5点(14点)

①　正方形のまわりの長さは、1つの辺の長さ
の何倍でしょうか。

（　　　　　　　　　）

②　この正方形のまわりの長さは何cmでしょうか。

式

答え（　　　　　　　　　　）

できたらスゴイ!

**6** ●は何こあるでしょうか。
　くふうしてもとめましょう。　　式・答え　1つ5点(10点)

式

答え（　　　　　　　　　　）

ふりかえり　❶がわからないときは、72ページの❶にもどってかくにんしてみよう。

ふろくの「計算せんもんドリル」23〜32もやってみよう!

## ぴったり1 じゅんび

12 長いものの長さ
# （メートル）

3分でまとめ

教科書 下48〜52ページ ＞ 答え 22ページ

つぎの◯◯にあてはまる数を書きましょう。

**めあて** 長さのたんい m がわかるようになろう。　　れんしゅう ① ②→

### 🐾 メートル

100 cm を 1 メートルといい、
1 m と書きます。

$$1\,m = 100\,cm$$

1m

**1** 130 cm は何 m 何 cm でしょうか。

**とき方** 130 cm は、100 cm と 30 cm。

100 cm が ☐ m だから、130 cm は ☐ m ☐ cm

**めあて** 長さの計算ができるようになろう。　　れんしゅう ③ ④→

### 🐾 長さの計算

長さの計算をするときは、m どうし、
cm どうしの数をたしたり、ひいたりします。

1m + 1m = 2m
20 cm + 40 cm = 60 cm
だね。

1m + 1m

1m 20 cm + 1m 40 cm = 2m 60 cm

20 cm + 40 cm

**2** ゆうきさんのせの高さは 1 m 20 cm です。
30 cm の台にのると、ゆかからの高さは、
何 m 何 cm になるでしょうか。

**とき方** せの高さと台の高さをあわせた高さだから、
たし算でもとめられます。

式　　1 m 20 cm + ☐ cm

　　　　　= ☐ m ☐ cm

答え ☐ m ☐ cm

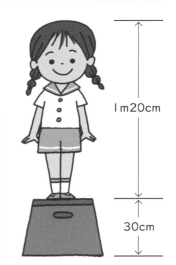

1m20cm

30cm

ぴったり 2
# れんしゅう
★ できたもんだいには、「た」をかこう！★
でき① でき② でき③ でき④

がくしゅうび　月　日

教科書　下 48〜52 ページ　　答え　22 ページ

**1** テーブルのよこの長さをはかったら、1m のものさしで、2 こ分と、あと 20 cm ありました。

テーブルのよこの長さは何 m 何 cm でしょうか。
また、何 cm でしょうか。

教科書 51 ページ ②

（　　　　m　　　　cm）　（　　　　　　　cm）

**2** □ にあてはまる数を書きましょう。

教科書 51 ページ ④

① 300 cm ＝ □ m

② 580 cm ＝ □ m □ cm

③ 4 m 27 cm ＝ □ cm　　**！ まちがいちゅうい**　④ 9 m 2 cm ＝ □ cm

**3** □ にあてはまる数を書きましょう。

教科書 52 ページ ⑤

① 1 m 40 cm ＋ 30 cm ＝ □ m □ cm

② 3 m 80 cm － 70 cm ＝ □ m □ cm

**目 よくよんで**

**4** 長さが 1 m 90 cm のリボンを 65 cm つかいました。
のこりは何 m 何 cm でしょうか。

教科書 52 ページ ①

式

答え（　　　　　　　　　　　　）

 **ヒント** **4** のこりの長さをもとめるので、ひき算の式をつくって計算します。
同じたんいどうしを計算することにちゅういしましょう。

⑫ 長いものの長さ

時間 30 分
／100
ごうかく 80 点
教科書 下 48〜54 ページ　答え 22 ページ

知識・技能　／80点

**1** よく出る つぎの長さは何 m 何 cm でしょうか。　1つ5点(10点)

① 1 m のものさしで 1 こ分と、あと 60 cm

（　　　　　　　　　　　）

② 1 m のものさしで 2 こ分と、あと 54 cm

（　　　　　　　　　　　）

**2** □ にあてはまる長さのたんいを書きましょう。　1つ10点(30点)

① つくえの高さ　　　　60 □

② ノートのあつさ　　　4 □

③ プールのたての長さ　25 □

長さのたんいは
どんなものが
あったかな？

**3** よく出る □ にあてはまる数を書きましょう。　1もん5点(20点)

① 3 m = □ cm

② 700 cm = □ m

③ 5 m 75 cm = □ cm

④ 403 cm = □ m □ cm

**4** ◯にあてはまる数を書きましょう。

① 1 m 60 cm ＋ 2 m ＝ ◯ m ◯ cm

② 1 m 35 cm ＋ 3 m 15 cm ＝ ◯ m ◯ cm

③ 2 m 80 cm － 46 cm ＝ ◯ m ◯ cm

④ 4 m 75 cm － 2 m 50 cm ＝ ◯ m ◯ cm

思考・判断・表現　　　　／20点

**5** へやのたての長さをはかったら、3 m 20 cm とあと 40 cm ありました。へやのたての長さは何 m 何 cm でしょうか。　式・答え　1つ5点(10点)

式

答え（　　　　　）

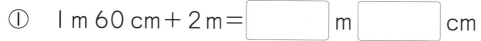

**6** テーブルのたての長さは、1 m のものさしより 15 cm みじかい長さでした。テーブルのたての長さは何 cm でしょうか。　式・答え　1つ5点(10点)

式

答え（　　　　　）

ふりかえり　①がわからないときは、80 ページの①にもどってかくにんしてみよう。

この本のおわりにある「冬のチャレンジテスト」をやってみよう！

ぴったり 1
じゅんび
3分でまとめ

13 九九の表

（九九の表のきまり）

がくしゅうび　　月　　日

📖教科書　下58〜63ページ　　🔲答え　23ページ

✏️ つぎの □ にあてはまる数を書きましょう。

🎯めあて　かけ算のきまりをおぼえよう。　　　れんしゅう ① ② ③ ➡

### 🐾 かけ算のきまり

⭐ かける数が｜ふえると、答えは
かけられる数だけふえます。

かけられる数　かける数
$2 \times 3 = 6$
｜ふえる↓　　↓2ふえる
$2 \times 4 = 8$

⭐ かけられる数とかける数を入れ
かえても、答えは同じになりま
す。

かけられる数　かける数　　答え
$2 \times 3 = 6$
$3 \times 2 = 6$

**1** 6×5 の答えは、6×4 の答えよりいくつ大きいでしょうか。

**とき方**　6×5 のかける数は5、
6×4 のかける数は ┃4┃ です。

かける数が ┃　┃ 大きいから、答えは

かけられる数の ┃　┃ 大きくなります。

かける数が｜ふえると、
答えはかけられる数だけ
ふえるんだったね。

**2** 答えが同じになる九九をもとめましょう。
(1) 7×5　　　　　　(2) 4×8

**とき方**　かけられる数とかける数を入れかえても、答えは同じになり
ます。

(1)　かけられる数　　かける数
　　　7　×　5

　　　5　×　┃　　┃

(2)　かけられる数　　かける数
　　　4　×　8

　　　┃　　┃　×　4

(1)の答えは 35、
(2)の答えは 32
だね。

ぴったり **2**
**れんしゅう**

★ できたもんだいには、「た」をかこう！★
でき ① でき ② でき ③ でき ④
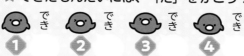

がくしゅうび

月　　日

教科書　下 58〜63 ページ　答え　23 ページ

**1** ◯ にあてはまる数を書きましょう。　　　　教科書 61 ページ **2**

① 3×7 の答えは、3×6 の答えより ◯ 大きい。

② 8×4 の答えは、8×3 の答えより ◯ 大きい。

**2** 何のだんの九九でしょうか。　　　　教科書 61 ページ **2**

① かける数が 1 ふえると、答えは 4 ふえる。

（　　　　　　　　　　　）

② かける数が 1 ふえると、答えは 7 ふえる。

（　　　　　　　　　　　）

**3** 答えが同じかけ算を、線でむすびましょう。　　　　教科書 61 ページ **3**

| 2×9 | 7×3 | 8×5 |

| 5×8 | 9×2 | 3×7 |

答えをもとめないで
考えよう。

**！まちがいちゅうい**

**4** 2のだんと3のだんの答えをたすと、
何のだんの答えになるでしょうか。

教科書 63 ページ **4**

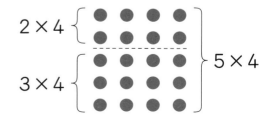

$2×4$ { ・・・・
$3×4$ { ・・・・ } $5×4$

（　　　　　　　　　　　）

 ヒント　**4** かける数が 1 のとき、2 のだんと 3 のだんの答えをたすと 5、かけ
る数が 2 のときは 4＋6＝10、3 のときは 6＋9＝15、…。

85

# （九九の表を広げて）

教科書 下 64〜65 ページ　答え 23 ページ

つぎの ◯ にあてはまる数を書きましょう。

**めあて** 九九のきまりをつかって、九九の表を広げてみよう。　**れんしゅう 1 2 3 →**

### 🐾 大きな数のかけ算

かけ算のきまりをつかうと、大きな数のかけ算の答えももとめる ことができます。

**1** 3×10 の答えをもとめましょう。

**とき方** かけ算のきまりをつかって考えます。

**考え方1** 3×10 の答えは、3×9 の答えより ┃ 3 ┃ 大きい。

$3 × 9 = 27$

┃ふえる｜　　　3ふえる

$3 × 10 = $ ◯

**考え方2** 3×10 の答えは、10× ◯ の答えと同じ。

10×3 は、10 が 3 こ分だから、

$10 + 10 + 10 = $ ◯

$3 × 10 = $ ◯

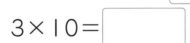

どちらの考え方で 計算してもいいよ。

**2** 11×3 の答えをもとめましょう。

**とき方** 11×3 の答えは、3×11 の答えと同じ。

3×11 の答えは、3×10 の答えより ◯ 大きい。

$3 × 10 = 30$

┃ふえる｜　　　3ふえる

$3 × 11 = $ ◯ ⟶ $11 × 3 = $ ◯

11 が 3 こ分の考え方でも 計算してみよう。

ぴったり2
# れんしゅう
★ できたもんだいには、「た」をかこう！★
でき① でき② でき③

がくしゅうび　月　日

教科書 下64〜65ページ 　答え 23ページ

**1** くふうして答えをもとめましょう。　教科書 64ページ①

① 5×9　　② 5×10

③ 5×11　　④ 5×12

**2** くふうして答えをもとめましょう。　教科書 64ページ②

① 9×5　　② 10×5

③ 11×5　　④ 12×5

🔍よくみて

**3** 下の九九の表の㋐から㋓にあてはまる数を答えましょう。

教科書 65ページ③

| | | | | | | かける数 | | | | | | |
|---|---|---|---|---|---|---|---|---|---|---|---|---|
| | | 1 | 2 | 3 | 4 | 5 | 6 | 7 | 8 | 9 | 10 | 11 | 12 |
| | 1 | 1 | 2 | 3 | 4 | 5 | 6 | 7 | 8 | 9 | | | |
| | 2 | 2 | 4 | 6 | 8 | 10 | 12 | 14 | 16 | 18 | | | |
| | 3 | 3 | 6 | 9 | 12 | 15 | 18 | 21 | 24 | 27 | | | |
| | 4 | 4 | 8 | 12 | 16 | 20 | 24 | 28 | 32 | 36 | ㋐ | | |
| か | 5 | 5 | 10 | 15 | 20 | 25 | 30 | 35 | 40 | 45 | | | |
| け | 6 | 6 | 12 | 18 | 24 | 30 | 36 | 42 | 48 | 54 | | | |
| ら | 7 | 7 | 14 | 21 | 28 | 35 | 42 | 49 | 56 | 63 | | ㋑ | |
| れ | 8 | 8 | 16 | 24 | 32 | 40 | 48 | 56 | 64 | 72 | | | |
| る | 9 | 9 | 18 | 27 | 36 | 45 | 54 | 63 | 72 | 81 | | | |
| 数 | 10 | | | | | | | | | | | | |
| | 11 | | | | | ㋒ | | | | | | | |
| | 12 | | | | | | ㋓ | | | | | | |

㋐ (　　　)

㋑ (　　　)

㋒ (　　　)

㋓ (　　　)

ヒント　❶ ② 5×10は、5×9よりかけられる数だけ大きいと考えましょう。
❷ ② 10×5は10が5こ分だから、10＋10＋10＋10＋10。

ぴったり③
## たしかめのテスト

### ⑬ 九九の表

時間 **30** 分

／100

ごうかく **80** 点

教科書 下 58〜66 ページ　答え 24 ページ

---

知識・技能　　　　　　　　　　　　　　　　　　　　　　　／60点

**1** よく出る □ にあてはまる数を書きましょう。　　1つ5点（30点）

① 7×9 の答えは 7×8 の答えより □ 大きいです。

② 6×7 の答えは 6× □ の答えより 6 大きいです。

③ 8のだんでは、かける数が 1 ふえると、答えは □ ふえます。

④ 9×3 の答えは 3× □ の答えと同じです。

⑤ 6×8 の答えは、2×8 の答えと 4× □ の答えをたした数と同じです。

⑥ 3のだんと4のだんの答えをたすと、□ のだんの答えになります。

**2** よく出る つぎの答えになる九九をぜんぶ書きましょう。　　1つ10点（30点）

① 15

（　　　　　　　　　　　　　　　　　　　　　）

② 24

（　　　　　　　　　　　　　　　　　　　　　）

できたらスゴイ！

③ 36

（　　　　　　　　　　　　　　　　　　　　　）

思考・判断・表現　　　　　　　　　　　　　　　　　　　　／40点

**3** 右の九九の表の㋐から㋓に
あてはまる数を答えましょう。

1つ5点（20点）

㋐ （　　　　　　）

㋑ （　　　　　　）

㋒ （　　　　　　）

㋓ （　　　　　　）

| | | かける数 | | | | | | | | | | |
|---|---|---|---|---|---|---|---|---|---|---|---|---|---|
| | | 1 | 2 | 3 | 4 | 5 | 6 | 7 | 8 | 9 | 10 | 11 | 12 |
| かけられる数 | 1 | 1 | 2 | 3 | 4 | 5 | 6 | 7 | 8 | 9 | | | |
| | 2 | 2 | 4 | 6 | 8 | 10 | 12 | 14 | 16 | 18 | | | |
| | 3 | 3 | 6 | 9 | 12 | 15 | 18 | 21 | 24 | 27 | | ㋐ | |
| | 4 | 4 | 8 | 12 | 16 | 20 | 24 | 28 | 32 | 36 | | | |
| | 5 | 5 | 10 | 15 | 20 | 25 | 30 | 35 | 40 | 45 | | | |
| | 6 | 6 | 12 | 18 | 24 | 30 | 36 | 42 | 48 | 54 | | | |
| | 7 | 7 | 14 | 21 | 28 | 35 | 42 | 49 | 56 | 63 | ㋑ | | |
| | 8 | 8 | 16 | 24 | 32 | 40 | 48 | 56 | 64 | 72 | | | |
| | 9 | 9 | 18 | 27 | 36 | 45 | 54 | 63 | 72 | 81 | | | |
| | 10 | | | | | | ㋒ | | | | | | |
| | 11 | | | | | | | | | | | | |
| | 12 | | | | | | ㋓ | | | | | | |

**できたらスゴイ！**

**4** 下の表は、九九の表の一部分です。
㋐、㋑にあてはまる数を答えましょう。　1つ10点（20点）

上の表を見て
考えてみよう。

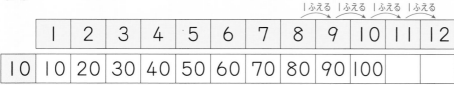

㋐ （　　　　　　）　㋑ （　　　　　　）

---

**はってん** 算数メモ

教科書 **下65ページ**

**1** 10×9の答えをもとにして、答えをもとめましょう。

| | 1 | 2 | 3 | 4 | 5 | 6 | 7 | 8 | 9 | 10 | 11 | 12 |
|---|---|---|---|---|---|---|---|---|---|---|---|---|

1ふえる　1ふえる　1ふえる　1ふえる

| 10 | 10 | 20 | 30 | 40 | 50 | 60 | 70 | 80 | 90 | 100 | | |
|---|---|---|---|---|---|---|---|---|---|---|---|---|

10ふえる 10ふえる 10ふえる 10ふえる

◀①10×9より
10大きい。
②10×10より
10大きい。
③10×11より
10大きい。

① 10×10＝ 100 　　② 10×11＝ ☐

③ 10×12＝ ☐

## ⑭ はこの形

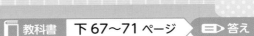
教科書　下 67〜71 ページ　答え　25 ページ

✏ つぎの □ にあてはまることばや数を書きましょう。

🎯 めあて　はこの形の面のいみや面の数がわかるようになろう。　れんしゅう ① ② →

🐾 **面**

　はこの形のたいらなところを、面と
いいます。

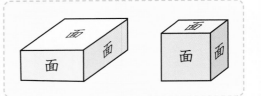

**1** 右のはこの形には、どんな形の面がいくつ
あるでしょうか。

とき方　ぜんぶの面をうつし
とってみると、右のように
なります。

同じ長方形が
2つずつあるね。

面の形　　長方形

面の数　　□

🎯 めあて　はこの形の辺やちょう点のいみ、辺やちょう点の数がわかるようになろう。　れんしゅう ① ② ③ →

🐾 **辺、ちょう点**

　面と面の間の直線を、辺といいます。
　3つの辺があつまったところを、
ちょう点といいます。

ちょう点　　　　辺

**2** はこの形には、辺、ちょう点がいくつあるでしょうか。

とき方　右の ○ のところが辺、
● のところがちょう点です。

辺の数　　□

ちょう点の数　　□

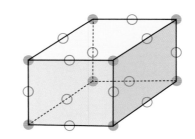

ぴったり 2
**れんしゅう**

★ できたもんだいには、「た」をかこう！ ★
でき ① でき ② でき ③

がくしゅうび　　　月　　　日

教科書　下 67〜71 ページ　　答え　25 ページ

**1** □にあてはまることばを書きましょう。　教科書 67 ページ **1**、70 ページ **3**

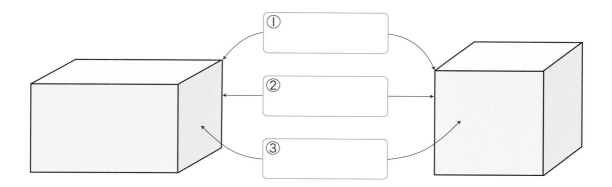

①

②

③

**2** 下のようなさいころの形には、面、辺、ちょう点は、それぞれいくつあるでしょうか。

さいころの形の面の形は、ぜんぶ正方形だよ。

教科書 68 ページ ②・③、70 ページ **4**

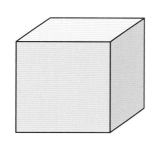

面 （　　　　　　　）

辺 （　　　　　　　）

ちょう点 （　　　　　　　）

🔍 **よくみて**

**3** 右のような、はこの形があります。

① 8cm の辺はいくつあるでしょうか。

（　　　　　　　）

② 5cm の辺はいくつあるでしょうか。

（　　　　　　　）

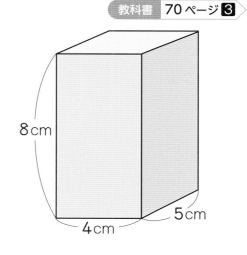

8cm

4cm

5cm

● ヒント　② ③ 見えていない部分にある辺をかきこんで、考えましょう。

ぴったり3 たしかめのテスト

⑭ はこの形

時間 30分

／100

ごうかく 80点

教科書 下67〜72ページ　　答え　25ページ

知識・技能

／60点

**1** よく出る 　□にあてはまる数やことばを書きましょう。　1つ5点（20点）

① はこの形に、面は □ 、辺は □ 、ちょう点は

□ あります。

② さいころの形の面の形は □ です。

**2** よく出る ひごとねん土玉で、右のような
さいころの形を作りました。　1もん10点（20点）

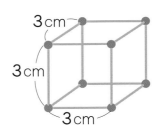

3cm　3cm　3cm

① どんな長さのひごを何本つかっている
でしょうか。

（ 　　　　 ）cm のひごを（ 　　　　 ）本つかっている。

② ねん土玉を何こつかっているでしょうか。　（ 　　　　　　　 ）

**3** 右のような、はこの形があります。　1つ10点（20点）

① 長さが 10cm の辺はいくつあるでしょう
か。

（ 　　　　　　　 ）

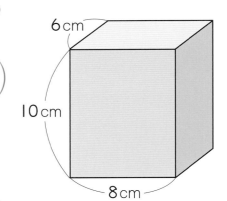

6cm　10cm　8cm

② 8cm 6cm □の面はいくつあるでしょうか。

（ 　　　　　　　 ）

92

思考・判断・表現 　　　　　　　　　　　　　　　　　　　　　　　　　　／40点

**4** 右のようなはこを作るために、下の方がんに
面をかいています。

　つづきをかきましょう。　　　　　　　（10点）

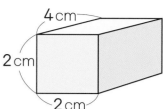

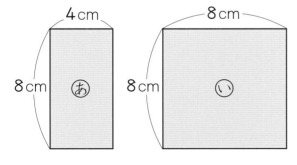

**できたらスゴイ！**

**5** 右のような大きさのはこを作ります。

　下の㋐から㋓のうち、どの紙を何まいずつ
つかうでしょうか。　　　　　　　1つ10点（30点）

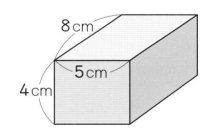

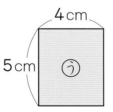

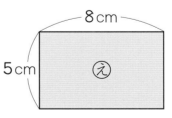

（　　　　を　　　　まい）

（　　　　を　　　　まい）

（　　　　を　　　　まい）

**ふりかえり** 　❶①がわからないときは、90ページの**2**にもどってかくにんしてみよう。

ぴったり1

じゅんび

3分でまとめ

⑮ 1000より大きい数

## 数のあらわし方
## 100がいくつ

がくしゅうび　　月　　日

教科書　下73〜76ページ　　答え　26ページ

🖊 つぎの □ にあてはまる数を書きましょう。

◎めあて　1000より大きい数があらわせるようになろう。　れんしゅう ① ② ③→

🐾 1000より大きい数

1000を3こと426をあわせた数を3426と書き、
さんぜんよんひゃく に じゅうろく
三千四百二十六とよみます。
3426の3は千の位の数字で、3000をあらわします。

| 千の位 | 百の位 | 十の位 | 一の位 |
|---|---|---|---|
| ⋮ | ⋮ | ⋮ | ⋮ |
| 3 | 4 | 2 | 6 |

100のまとまりが
10こあつまったら、
1000のまとまりに
なるよ。

**1** 1000を5こと、100を2こと、10を7こあわせた数を書きましょう。

とき方　1000が5こで 5000 です。

5000と270で □ です。

◎めあて　100をあつめた数がわかるようになろう。　れんしゅう ④ ⑤→

🐾 100がいくつ

十の位と一の位が0の数は、100のいくつ分と
ぶん
みることができます。

100が37こ ⟨ 100が30こ → 3000 / 100が 7こ → 700 ⟩ 3700

100が10こで
1000だね。

**2** 100を24こあつめた数はいくつでしょうか。

とき方　100が20こで2000、100が4こで □ だから、

100を24こあつめた数は □ です。

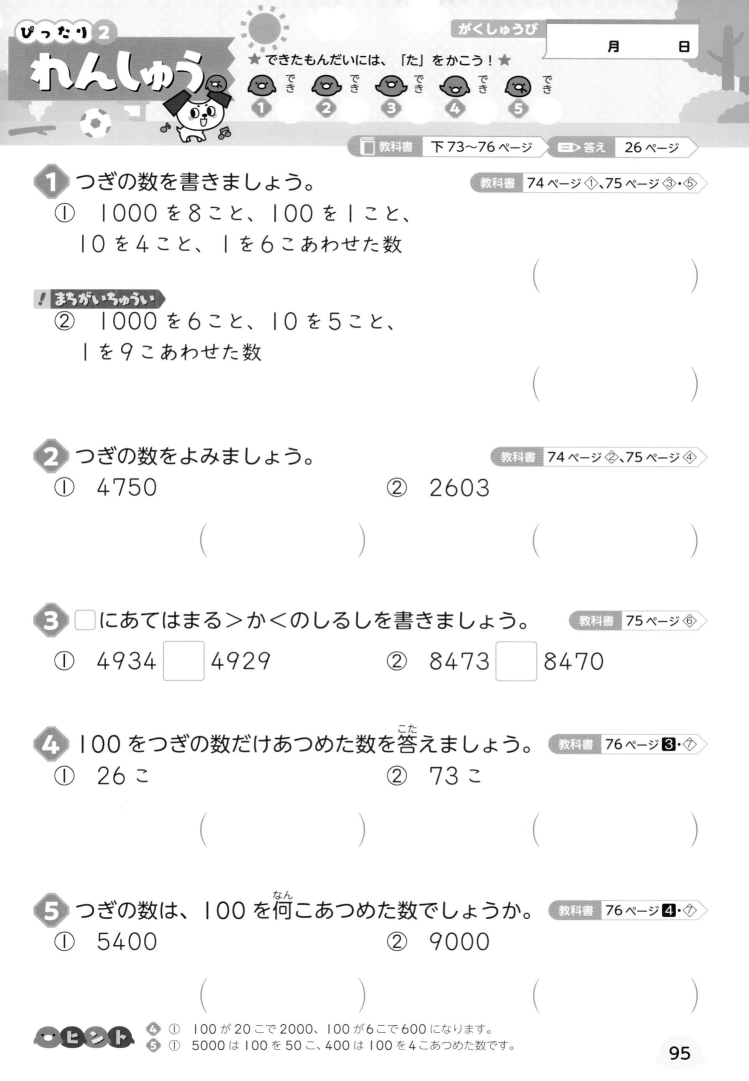

ぴったり2
れんしゅう

がくしゅうび
月　日

★ できたもんだいには、「た」をかこう！ ★
でき 1　でき 2　でき 3　でき 4　でき 5

教科書 下 73〜76 ページ　答え 26 ページ

**1** つぎの数を書きましょう。　教科書 74 ページ ①、75 ページ ③・⑤

① 1000 を 8 こと、100 を 1 こと、
10 を 4 こと、1 を 6 こあわせた数

(　　　　　　　　)

!まちがいちゅうい

② 1000 を 6 こと、10 を 5 こと、
1 を 9 こあわせた数

(　　　　　　　　)

**2** つぎの数をよみましょう。　教科書 74 ページ ②、75 ページ ④

① 4750　　　　　　　② 2603

(　　　　　　　)　　　(　　　　　　　)

**3** □ にあてはまる＞か＜のしるしを書きましょう。　教科書 75 ページ ⑥

① 4934 □ 4929　　　② 8473 □ 8470

**4** 100 をつぎの数だけあつめた数を答えましょう。　教科書 76 ページ ❸・⑦

① 26 こ　　　　　　② 73 こ

(　　　　　　　)　　　(　　　　　　　)

**5** つぎの数は、100 を何こあつめた数でしょうか。　教科書 76 ページ ❹・⑦

① 5400　　　　　　　② 9000

(　　　　　　　)　　　(　　　　　　　)

●ヒント　④ ① 100 が 20 こで 2000、100 が 6 こで 600 になります。
　　　　　⑤ ① 5000 は 100 を 50 こ、400 は 100 を 4 こあつめた数です。

教科書　下 77〜79 ページ　答え　26 ページ

✏ つぎの□にあてはまる数を書きましょう。

めあて　一万の大きさがわかるようになろう。　れんしゅう 1 2 →

🐾 一万

1000 を 10 こあつめた数を一万といい、10000 と書きます。

9998、9999、10000、…。

1 10000 より 10 小さい数はいくつでしょうか。

とき方　1 めもりを 1 として、数の線にあらわしてみると、

10000 より 10 小さい数は□です。

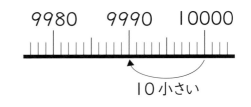

9980　9990　10000

10 小さい

めあて　何百のたし算ができるようになろう。　れんしゅう 3 →

🐾 800＋400 の計算のしかた

100 のまとまりで考えます。
8＋4＝12 だから、100 が 12 こになります。

800 は 100 のまとまりが 8 こ、400 は 100 のまとまりが 4 こ。

100 100 100 100 100 100 100 100 < 100 100 100 100

800＋400＝1200

8＋4

100 が 8＋4＝12（こ）で 1200 だね。

2 計算をしましょう。
(1)　500＋900　　　　　(2)　700＋600

とき方　100 が何こになるかを考えます。

(1)　5＋9＝14 だから、500＋900＝1400

(2)　7＋6＝13 だから、700＋600＝□

千の位にくり上がるたし算だね。

ぴったり 2
れんしゅう

★ できたもんだいには、「た」をかこう！★
でき ① でき ② でき ③

がくしゅうび
月　　　日

教科書　下 77〜79 ページ　　答え　26 ページ

**1**　□にあてはまる数を書きましょう。　　教科書　78 ページ ⑧

① 10000 より 1 小さい数は ［　　　］です。

② 10000 より 100 小さい数は ［　　　］です。

③ 9990 より 10 大きい数は ［　　　］です。

!まちがいちゅうい
④ 100 を 100 こあつめた数は ［　　　］です。

🔍よくみて
**2**　下の数の線を見て答えましょう。　　教科書　78 ページ ⑨

```
4000   5000   6000   7000   8000   9000   10000
|||||||||||||||||||||||||||||||||||||||||||||||||||||||
```

① 6000 より 400 大きい数　　　（　　　　　　　）

② 8000 より 200 小さい数　　　（　　　　　　　）

**3**　計算をしましょう。　　教科書　79 ページ ⑩

① 600＋500　　　　② 500＋800

③ 700＋700　　　　④ 800＋300

⑤ 300＋900　　　　⑥ 900＋600

🐶ヒント　　① ④　100 を 100 こは、1000 を 10 こあつめた数と同じです。
　　　　　　② 数の線の 1 めもりは 100 になっています。

97

## ⑮ 1000 より大きい数

教科書　下 73～82 ページ　　答え　27 ページ

知識・技能　　　　　　　　　　　　　　　　　　　　　／80点

**1** つぎの数を数字で書きましょう。　　　　　　1つ4点(8点)

①　四千三百九十八　　　　　　②　六千五

（　　　　　　　）　　　　　　（　　　　　　　）

**2** よく出る つぎの数を書きましょう。　　　　1つ4点(12点)

①　1000 を 9 こと、100 を 4 こと、10 を 5 こと、1 を 3 こあわせた数

（　　　　　　　）

②　1000 を 1 こと、100 を 7 こと、1 を 6 こあわせた数

（　　　　　　　）

③　1000 を 10 こあつめた数

（　　　　　　　）

**3** よく出る □ にあてはまる数を書きましょう。　1つ5点(10点)

①　100 を 17 こあつめた数は □ です。

②　6300 は 100 を □ こあつめた数です。

**4** □ にあてはまる＞か＜のしるしを書きましょう。　1つ5点(10点)

①　1104 □ 1040　　　　　②　8916 □ 8961

**5** よく出る　下の数の線を見て答えましょう。

1つ5点(20点)

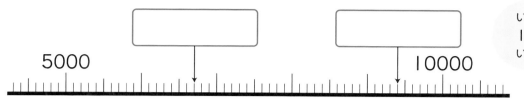

いちばん小さい
1めもりは
いくつかな？

① □ にあてはまる数を書きましょう。

② 10000 より 200 小さい数を書きましょう。

（　　　　　　　　）

③ 8300 をあらわすめもりに ↓ を数の線に書きましょう。

**6** 計算をしましょう。

1つ5点(20点)

① 500＋700　　　　　② 800＋600

③ 900＋500　　　　　④ 200＋900

---

思考・判断・表現　　　　　　　　　　　　　　　　／20点

できたらスゴイ！

**7** □ にあてはまる数字をぜんぶ書きましょう。

1つ10点(20点)

① □324＜5196　　　　② 8□50＞8645

（　　　　　　　）　　　　　（　　　　　　　）

---

はってん　1200－500 の計算

教科書　下79ページ

**1** 計算をしましょう。

100のまとまりで
考えよう。

① 1300－800＝ 500
　100が13こ　100が8こ
　　　　　└ 100が13-8(こ)

◀①100が
　13-8(こ)

② 1400－600＝ [　　]

◀②100が
　14-6(こ)

ふりかえり　❶がわからないときは、94 ページの ❶ にもどってかくにんしてみよう。

99

教科書　下 85〜90 ページ　　答え　28 ページ

つぎの ◯ にあてはまる数を書きましょう。

**めあて**　テープ図をかいて、もんだいがとけるようになろう。　　れんしゅう ① ②→

### テープ図

　もんだいにあわせてテープ図にあらわすと、どんな式になるかがわかりやすくなります。

> 　白いねこが 9 ひき、黒いねこが 15 ひきいます。あわせて何びきいるでしょうか。

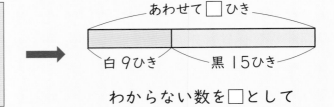

あわせて ◯ ひき
白 9 ひき　　黒 15 ひき

わからない数を ◯ として
テープ図にあらわすと…

　◯ をもとめる式はたし算になります。
式　9＋15＝24　　答え　24 ひき

**1** りかさんは、あめを 6 こもっていました。
何こかもらったので、ぜんぶで 14 こになりました。
もらったあめは何こでしょうか。

図をかいてみよう。

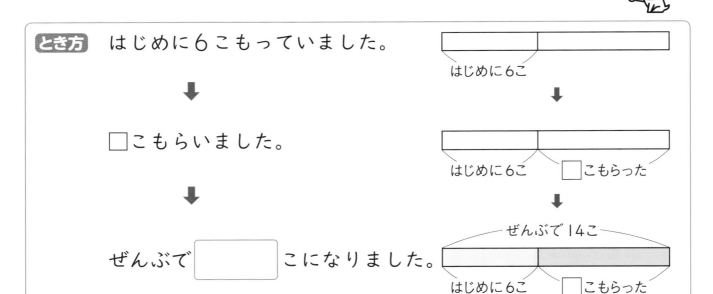

**とき方**　はじめに 6 こもっていました。

はじめに 6 こ

↓

◯ こもらいました。

はじめに 6 こ　　◯ こもらった

↓

ぜんぶで ▢ こになりました。

ぜんぶで 14 こ
はじめに 6 こ　　◯ こもらった

右の図から、答えをもとめる式は、ひき算になります。

式　14－6＝ ▢ 　　　　答え ▢ こ

教科書　下 85〜90 ページ　答え　28 ページ

**1** リボンが何 cm かありました。
45 cm つかったので、のこりが 15 cm になりました。
はじめにリボンは何 cm あったでしょうか。　教科書 88 ページ **2**、89 ページ ◇

① 図の □ にあてはまる数を書きましょう。

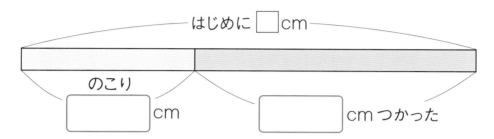

② 式に書いて、答えをもとめましょう。
式

答え（　　　　　　　）

**よくよんで**

**2** 公園に子どもが 25 人いました。
何人か帰ったので、のこりが 16 人になりました。
帰ったのは何人でしょうか。　教科書 90 ページ **3**・④

① 図の □ にあてはまる数を書きましょう。

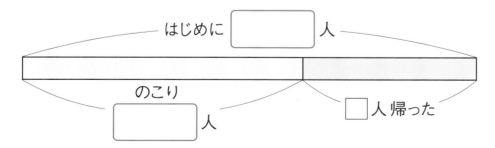

② 式に書いて、答えをもとめましょう。
式

答え（　　　　　　　）

 **1** ② ①の図を見て式をつくります。はじめの長さ □ cm は、のこり
の長さとつかった長さをたしてもとめられます。

## ⑯ 図をつかって考えよう

教科書 下85〜91ページ ⏵答え 28ページ

知識・技能 ／60点

**1** つぎのテープ図の□をもとめる式はどれでしょうか。
下の㋐から㋓の中からえらびましょう。

1つ10点(30点)

①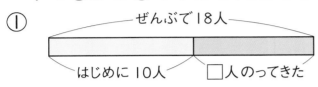

ぜんぶで18人

はじめに10人　□人のってきた

（　　　）

②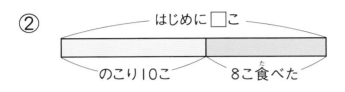

はじめに□こ

のこり10こ　8こ食べた

（　　　）

③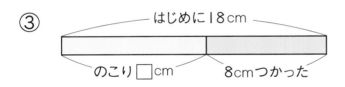

はじめに18cm

のこり□cm　8cmつかった

（　　　）

> ㋐ 18＋10　　㋑ 10＋8　　㋒ 18−10　　㋓ 18−8

できたらスゴイ！

**2** もんだいにあわせて、テープ図にあらわしましょう。

1つ10点(30点)

［もんだい］

　はるさんは、買いものに行って90円つかいました。
　まだ70円のこっています。
　はじめに何円もっていたでしょうか。

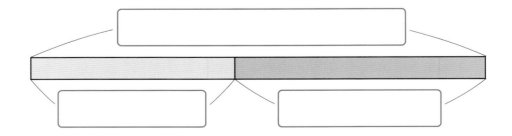

思考・判断・表現

／40点

**3** よく出る かえでさんはおり紙を 27 まいもっています。
何まいかもらったので、ぜんぶで 42 まいになりました。
もらったおり紙は何まいでしょうか。

□・式・答え 1つ5点(20点)

① 図の □ にあてはまる数を書きましょう。

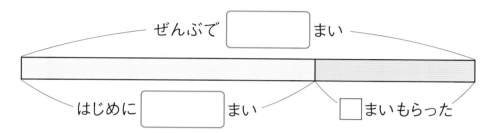

ぜんぶで □ まい

はじめに □ まい　　　□ まいもらった

② 式に書いて、答えをもとめましょう。

式

答え（　　　　　　　）

**4** よく出る ちゅう車場に車が 25 台ありました。
何台か出ていったので、のこりが 8 台になりました。
出ていった車は何台でしょうか。

□・式・答え 1つ5点(20点)

① 図の □ にあてはまる数を書きましょう。

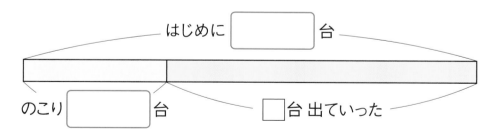

はじめに □ 台

のこり □ 台　　　□ 台 出ていった

② 式に書いて、答えをもとめましょう。

式

答え（　　　　　　　）

 ① がわからないときは、100 ページの ① にもどってかくにんしてみよう。

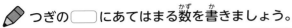

つぎの◯にあてはまる数を書きましょう。

**めあて** 同じ大きさに分けた1つ分のあらわし方がわかるようになろう。　**れんしゅう** ① ②

### 分数

同じ大きさに2つに分けた1つ分を、もとの

大きさの二分の一といい、$\frac{1}{2}$ と書きます。

$\frac{1}{2}$

同じ大きさに分けることを等分するといい、$\frac{1}{2}$ は、

もとの大きさを2等分した1つ分の大きさです。

$\frac{1}{2}$ や $\frac{1}{4}$ のようにあらわした

数を、**分数**といいます。

4等分した1つ分を、もとの大きさの四分の一といい、$\frac{1}{4}$ と書くよ。

**1** 色をぬったところの大きさは、もとの大きさの何分の一でしょうか。
分数で書きましょう。

(1)

(2)

**とき方**　(1)　もとの大きさを2等分した1つ分の大きさだから、

二分の一といい、$\frac{1}{2}$ と書きます。

(2)　もとの大きさを◯等分した1つ分の大きさです。

◯ と書きます。

教科書 下 92〜98 ページ　答え 29 ページ

**1** 色をぬったところが、もとの大きさの $\frac{1}{2}$ になっている図をすべて

えらびましょう。

教科書 95 ページ ①

あ 　　い 　　う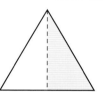

え 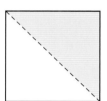　　お 　　か

(　　　　　　　　　　　)

🔍 よくみて

**2** 色をぬったところが、もとの長さの $\frac{1}{3}$ になっている図はどれで

しょうか。

教科書 96 ページ ②

あ 　　い 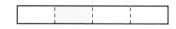　　う

(　　　　　　　　　　　)

**3** つぎの大きさになるように色をぬりましょう。

教科書 96 ページ ③

① もとの大きさの $\frac{1}{4}$　　② もとの大きさの $\frac{1}{8}$

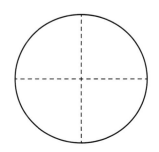　　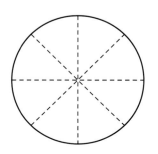

$\frac{1}{8}$ は、もとの
大きさを8等分
した1つ分だね。

●ヒント● ① 2つに分けられていても、等分されていなければ $\frac{1}{2}$ ではありません。

時間 **20** 分

／100

ごうかく **80** 点

| 📖 教科書 | 下 92〜99 ページ | ➡️ 答え | 29 ページ |

---

知識・技能 ／100点

**1** 　色をぬったところの大きさは、もとの大きさの何分の一でしょうか。分数で書きましょう。

1つ15点(60点)

①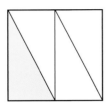

（　　　　　　）

②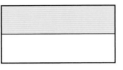

（　　　　　　）

③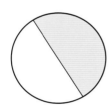

（　　　　　　）

④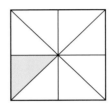

（　　　　　　）

**2** 　つぎの大きさになるように色をぬりましょう。

1つ10点(30点)

① $\frac{1}{2}$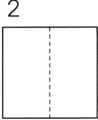

② $\frac{1}{4}$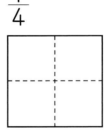

③ $\frac{1}{8}$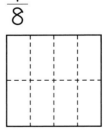

**できたらスゴイ！**

**3** $\frac{1}{3}$ の大きさを何倍すると、もとの大きさになるでしょうか。

(10点)

（　　　　　　）

ふりかえり　①がわからないときは、104 ページの①にもどってかくにんしてみよう。

算数ワールド

# お楽しみ会で算数

📖 教科書　下 100〜101 ページ　　➡ 答え　30 ページ

**1** 5人ずつ3れつにならびます。何人ならぶでしょうか。

（　　　　　　）

**2** あと10分で休み時間です。休み時間は何時何分にはじまるでしょうか。

（　　　　　　）

**3** りんごとみかんを1こずつ買います。何円になるでしょうか。

（　　　　　　）

**4** おめんを1こ作るのに、テープを9cmつかいます。おめんを6こ作るのに、テープを何cmつかうでしょうか。

（　　　　　　）

何算をつかえばいいかな？

107

# 活用

算数をつかって考えよう

## お手つだい

教科書　下 102〜103 ページ　　答え　30 ページ

この本のおわりにある
「春のチャレンジテスト」
をやってみよう！

**1** りかさんは、日曜日から金曜日までのお手つだいの回数を、グラフにあらわしました。

① お手つだいの回数がいちばん多かった日と、いちばん少なかった日では、何回ちがうでしょうか。

（　　　　　　　　　）

② りかさんは、土曜日に、木曜日の3倍の回数のお手つだいをするつもりです。

何回お手つだいをすればよいでしょうか。

式

答え（　　　　　　　　　）

**お手つだいの回数**

| | | | | | | |
|---|---|---|---|---|---|---|
| | | | | | | |
| | | | | | | |
| | | | | | | |
| | | | | | | |
| ○ | ○ | | | | | |
| ○ | ○ | ○ | ○ | | | |
| ○ | ○ | ○ | ○ | ○ | ○ | |
| ○ | ○ | ○ | ○ | ○ | ○ | |
| ○ | ○ | ○ | ○ | ○ | ○ | |
| 日 | 月 | 火 | 水 | 木 | 金 | 土 |

### はってん

**2** **1**のグラフを見て、日曜日から金曜日までのお手つだいの回数をくふうしてもとめましょう。

式

○を分けたり、いどうしたりして、同じ数のまとまりをつくってみよう。
九九をつかってもとめられそうだよ。

答え（　　　　　　　　　）

# 数と計算

がくしゅうび　　月　　日

時間 20 分　　/100

ごうかく 80 点

教科書　下 104 ページ　　答え　31 ページ

## 1 つぎの数を書きましょう。

1つ4点（16点）

① 1000 を 3 こと、100 を 6 こと、1 を 8 こあわせた数

（　　　　　）

② 100 を 29 こあつめた数

（　　　　　）

③ 10000 より 100 小さい数

（　　　　　）

④ 1000 を 10 こあつめた数

（　　　　　）

## 2 □にあてはまる数を書きましょう。

1つ4点（16点）

①　②
0　2000　4000　6000　8000

③　④
6000　7000　8000　9000

## 3 □にあてはまる>か<のしるしを書きましょう。

1つ4点（8点）

① 1907 □ 2017

② 6464 □ 6459

## 4 計算をしましょう。

1つ5点（40点）

① 53＋39

② 96＋54

③ 767＋8

④ 613＋67

⑤ 87－29

⑥ 145－78

⑦ 104－96

⑧ 662－46

## 5 28 円のガムと、64 円のドーナツを買います。

式・答え　1つ5点（20点）

① あわせて何円でしょうか。

式

答え（　　　　　）

② 100 円玉を出すと、おつりは何円でしょうか。

式

答え（　　　　　）

まとめの
テスト
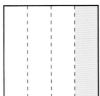

2年のまとめ

がくしゅうび　月　日

時間 20 分　／100
ごうかく 80 点

# かけ算 ／ 分数 ／ 考え方

教科書　下105ページ　　答え　31ページ

**1** 計算をしましょう。　1つ5点(30点)

① 4×8

② 5×6

③ 3×9

④ 8×7

⑤ 9×8

⑥ 7×3

**2** 1ふくろに6こずつ入った クッキーが7ふくろあります。
クッキーはぜんぶで何こある でしょうか。　式・答え　1つ10点(20点)

式

答え（　　　　　）

**3** 色をぬったところの大きさは、 もとの大きさの何分の一でしょ うか。　(10点)

（　　　　　）

**4** りんごが何こかありました。 6こあげたので、のこりが 18こになりました。
はじめにりんごは何こあった でしょうか。　□・式・答え　1つ5点(20点)

① 図の □ にあてはまる数 を書きましょう。

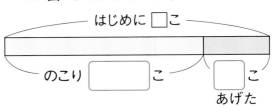
はじめに □ こ
のこり　□ こ　　□ こ
あげた

② 答えをもとめましょう。
式

答え（　　　　　）

**5** シールが23まいあります。 何まいかつかったので、のこ りが14まいになりました。
つかったシールは何まいで しょうか。　式・答え　1つ10点(20点)

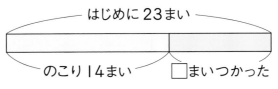
はじめに23まい
のこり14まい　　□まいつかった

式

答え（　　　　　）

2年のまとめ

# 長さ ／ かさ ／ 形

📖 教科書　下106ページ　　🖊 答え　32ページ

**1** □ にあてはまる数を書きましょう。　　1つ5点(20点)

① 400 cm ＝ □ m

② 2 m 3 cm ＝ □ cm

③ 6000 mL ＝ □ L

④ 3 L 7 dL ＝ □ mL

**2** 計算をしましょう。　1つ5点(20点)

① 3 m 17 cm ＋ 2 m

② 1 m 80 cm － 65 cm

③ 2 L 4 dL ＋ 5 L

④ 4 L 9 dL － 3 dL

**3** 水がペットボトルに 400 mL、コップに 200 mL 入っています。　1つ5点(10点)

① あわせて何 mL でしょうか。

(　　　　　)

② ちがいは何 mL でしょうか。

(　　　　　)

**4** つぎの形のまわりの長さは何 cm でしょうか。　1つ10点(20点)

① 長方形

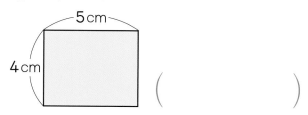

(　　　　　)

② 正方形

(　　　　　)

**5** 右のようなさいころの形があります。

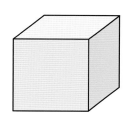

1つ10点(30点)

① 面の形はどんな形でしょうか。

(　　　　　)

② 辺とちょう点は、それぞれいくつあるでしょうか。

辺 (　　　　　)

ちょう点 (　　　　　)

# 時こくと時間 ／ 表とグラフ

**1** 朝、家を出た時こくと、夜、はみがきをした時こくを、午前か午後をつけて答えましょう。

1つ10点（20点）

① 

（　　　　　　）

② 

（　　　　　　）

**2** □ にあてはまる数を書きましょう。

□1つ5点（20点）

① 1時間＝ □ 分

② 1時間20分＝ □ 分

③ 70分＝ □ 時間 □ 分

**3** 花の数をしらべます。

①②1もん15点、③④⑤1つ10点（60点）

① 表にあらわしましょう。

### 花の数しらべ

| しゅるい | ひまわり | すいせん | チューリップ | あさがお |
|---|---|---|---|---|
| 数(本) |  |  |  |  |

② グラフにあらわしましょう。

### 花の数しらべ

| | | | |
|---|---|---|---|
| | | | ○ |
| | | | ○ |
| | | | ○ |
| | | | ○ |
| | | | ○ |
| | | | ○ |
| ひまわり | すいせん | チューリップ | あさがお |

③ いちばん数が多い花は何でしょうか。

（　　　　　　）

④ いちばん数が少ない花は何でしょうか。

（　　　　　　）

⑤ ひまわりとチューリップの数のちがいは何本でしょうか。

（　　　　　　）

教育出版版・小学算数2年

## 夏のチャレンジテスト

教科書　上11〜103ページ

名前

月　日

時間 **40**分

ごうかく80点 ／100

答え**33**ページ →

---

知識・技能　　　／84点

**1** つぎの　数を　書きましょう。

1つ4点(12点)

① 100を　4こと、1を　3こ　あわせた　数

（　　　　　　）

② 10を　53こ　あつめた　数

（　　　　　　）

③ 990より　10　大きい　数

（　　　　　　）

**2** □に　あてはまる　数を　書きましょう。

1つ3点(12点)

① 380　□　400　410　□

② 300　400　□　600　□

**3** □に　あてはまる　＞か　＜の　しるしを　書きましょう。

1つ4点(8点)

① 102　□　98

② 913　□　921

---

**4** 文ぼうぐの　数を　しらべます。

①・② 1つ4点(8点)

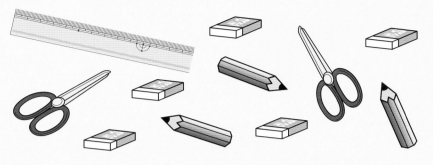

① グラフに　あらわしましょう。

**文ぼうぐの　数しらべ**

| | | | |
|---|---|---|---|
| | | | |
| | | | |
| | | | |
| | | | |
| えんぴつ | けしゴム | はさみ | ものさし |

② いちばん　数が　多い　文ぼうぐは　どれでしょうか。

（　　　　　　）

**5** テープの　長さは　何cm何mm　でしょうか。　また、何mmでしょうか。

1つ4点(8点)

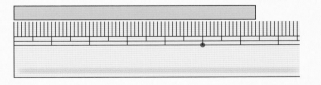

（　　　cm　　　mm）

（　　　　　mm）

---

↪うらにも　もんだいが　あります。

**6** なつみさんが 本を 読んで いた 時間は 何分間でしょうか。 (4点)

(     )

**7** 計算を しましょう。 1つ4点(24点)

① 46＋39

② 65＋98

③ 515＋46

④ 94－37

⑤ 113－58

⑥ 365－8

**8** くふうして 計算しましょう。 1つ4点(8点)

① 19＋24＋6

② 18＋57＋22

思考・判断・表現 　／16点

**9** 本だなに 本が 95さつ あります。 新しく 28さつ 買うと、本は ぜんぶで 何さつに なるでしょうか。 式・答え 1つ4点(8点)

式

答え (     )

**10** おり紙が 104まい ありました。 この うち 16まい つかいました。 のこった おり紙は 何まいでしょうか。 式・答え 1つ4点(8点)

式

答え (     )

# 冬のチャレンジテスト

教科書 上106〜下54ページ

名前

月　日

⏱時間 **40**分

ごうかく80点 ／100

答え**35**ページ ➡

## 1 □にあてはまる数を書きましょう。

1もん4点（20点）

① 1L3dL＝□dL

② 28dL＝□L　□dL

③ 4dL＝□mL

④ 6m＝□cm

⑤ 305cm＝□m　□cm

## 2 長方形、正方形、直角三角形を見つけましょう。

1つ4点（12点）

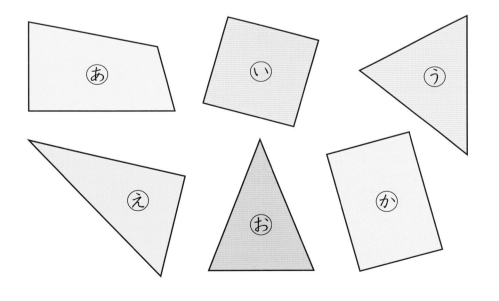

長方形（　　　　）　正方形（　　　　）

直角三角形（　　　　）

## 3 かけ算の式にあらわします。

□にあてはまる数を書きましょう。

（4点）

□×□

## 4 計算をしましょう。

1つ4点（32点）

① 7×4

② 6×9

③ 2×6

④ 8×2

⑤ 9×5

⑥ 4×3

⑦ 3×8

⑧ 5×7

**5** １つの辺の長さが５cmの正方形があります。

1つ4点（8点）

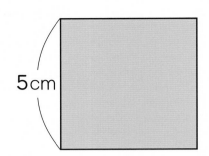

5cm

① 正方形に直角のかどはいくつあるでしょうか。

（　　　　　　　）

② 正方形のまわりの長さは何cmでしょうか。

（　　　　　　　）

**6** 長いすが８つあります。
　１つの長いすに６人ずつすわると、ぜんぶで何人すわれるでしょうか。

式・答え　1つ4点（8点）

式

答え（　　　　　　　）

**7** みなとさんはシールを８まいもっています。
　お兄さんは、みなとさんの３倍のシールをもっています。
　お兄さんは、シールを何まいもっているでしょうか。

式・答え　1つ4点（8点）

式

答え（　　　　　　　）

**8** チョコレートは何こあるでしょうか。くふうしてもとめましょう。

式・答え　1つ4点（8点）

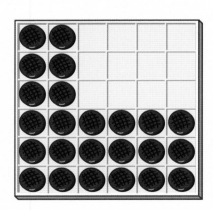

式

答え（　　　　　　　）

**春のチャレンジテスト**

教科書 下58〜103ページ

名前

月 日

時間 **40**分

ごうかく80点 ／100

答え**37**ページ

知識・技能 ／76点

## 1 数字で書きましょう。 1つ4点(8点)

① 七千二百五十一

( )

② 四千八十三

( )

## 2 □にあてはまる数を書きましょう。 1もん4点(12点)

① 4900 は、1000 を □ ことと 100 を □ こあわせた数です。

② 100 を 67 こあつめた数は □ です。

③ 5000 は 100 を □ こあつめた数です。

## 3 下の数の線で、あ、いのめもりがあらわす数を答えましょう。 1つ4点(8点)

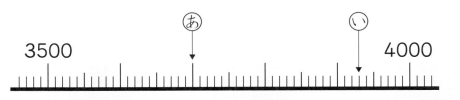

あ ( )

い ( )

## 4 下のはこの形について答えましょう。 1つ4点(12点)

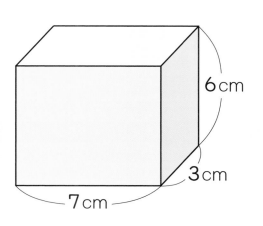

6cm
3cm
7cm

① ちょう点はいくつあるでしょうか。

( )

② 長さが6cmの辺はいくつあるでしょうか。

( )

③ たて3cm、よこ7cmの長方形の面はいくつあるでしょうか。

( )

## 5 色をぬったところの大きさは、もとの大きさの何分の一でしょうか。 1つ4点(8点)

①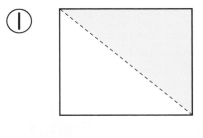

( )

②

( )

うらにも もんだいが あります。

**6** [  ]にあてはまる数を書きましょう。

1つ4点(8点)

① 3×9 の答えは、3×8 の答えより [  ] 大きいです。

② 5×7 の答えは、7×[  ] の答えと同<sub>おな</sub>じです。

**7** 答えが 12 になる九九をぜんぶ書きましょう。

(4点)

(                    )

**8** 計算<sub>けいさん</sub>をしましょう。

1つ4点(16点)

① 8×11

② 10×5

③ 600＋700

④ 900＋500

**9** みかんが何こかありました。8こ食<sub>た</sub>べたので、のこりは 17 こになりました。

はじめにみかんは何こあったでしょうか。

テープ図<sub>ず</sub>の[  ]にあてはまる数を書いて、答えをもとめましょう。

図・式・答え 1つ4点(12点)

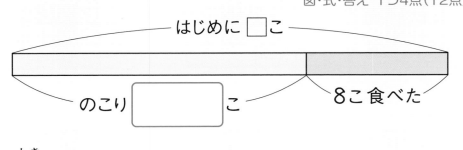

式

答え(                )

**10** バスに 25 人のっています。とちゅうで何人かのってきたので、ぜんぶで 33 人になりました。

とちゅうでのってきたのは何人でしょうか。

テープ図の[  ]にあてはまる数を書いて、答えをもとめましょう。

図・式・答え 1つ4点(12点)

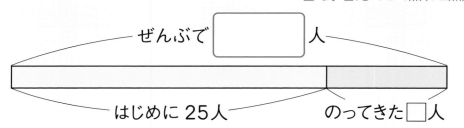

式

答え(                )

## 2年 算数のまとめ　学力しんだんテスト

名前

月　日

時間 **40**分

ごうかく80点
／100

答え **39**ページ

**1** つぎの 数を 書きましょう。

1つ3点(6点)

① 100を 3こ、1を 6こ あわせた数

（　　　　　）

② 1000を 10こ あつめた 数

（　　　　　）

**2** 色を ぬった ところは もとの 大きさの 何分の一ですか。

1つ3点(6点)

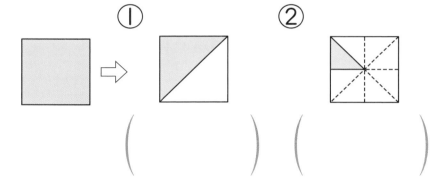

（　　　）（　　　）

**3** 計算を しましょう。

1つ3点(12点)

①
```
  214
+  57
```

②
```
  546
-  27
```

③ 4×8

④ 7×6

**4** あめを 3こずつ 6つの ふくろ に 入れると、2こ のこりました。 あめは ぜんぶで 何こ ありましたか。

しき・答え 1つ3点(6点)

しき

答え（　　　　　）

**5** すずめが 14わ いました。そこ へ 9わ とんで きました。また 11わ とんで きました。すずめは 何わに なりましたか。とんで きた すずめを まとめて たす 考え方で 1つの しきに 書いて もとめましょう。

しき・答え 1つ3点(6点)

しき

答え（　　　　　）

**6** □に ＞か、＜か、＝を 書きましょう。

(2点)

25 dL □ 2L

**7** □に あてはまる 長さの たんい を 書きましょう。

1つ3点(9点)

① ノートの あつさ…5 □

② プールの たての 長さ…25 □

③ テレビの よこの 長さ…95 □

**8** 右の 時計を みて つぎの 時こくを 書きましょう。

1つ3点(6点)

① 1時間あと（　　　　　）

② 30分前（　　　　　）

**9** つぎの 三角形や 四角形の 名前を 書きましょう。

1つ3点(9点)

① （　　　　　　　　）

② （　　　　　　　　）

③ （　　　　　　　　）

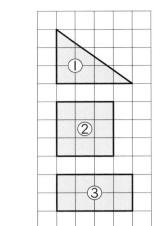

**10** ひごと ねん土玉を つかって、右のような はこの 形を つくります。

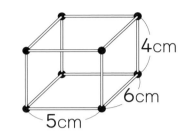

1つ3点(6点)

① ねん土玉は 何こ いりますか。

（　　　　　　　　）

② 6cmの ひごは 何本 いりますか。

（　　　　　　　　）

**11** すきな くだものしらべを しました。

1つ4点(8点)

すきな くだものしらべ

| すきな くだもの | りんご | みかん | いちご | スイカ |
|---|---|---|---|---|
| 人数(人) | 3 | 1 | 5 | 2 |

すきな
くだものしらべ

|  |  | ○ |  |
|---|---|---|---|
|  |  | ○ |  |
|  |  | ○ |  |
|  |  | ○ | ○ |
| ○ | ○ | ○ | ○ |
| りんご | みかん | いちご | スイカ |

① りんごが すきな 人の 人数を、○を つかって、右の グラフに あらわしましょう。

② すきな 人が いちばん 多い くだものと、いちばん 少ない くだものの 人数の ちがいは 何人ですか。

（　　　　　　　　）

---

**12** さいころを 右のように して、かさなりあった 面の 目の 数を たすと 9に なるように つみかさねます。

さいころは むかいあった 面の 目の 数を たすと、7に なっています。図の ⑧〜⑨に あてはまる 目の 数を 書きましょう。　1つ4点(12点)

⑧…□　　　⑨…□　　　⑨…□

**13** ゆうまさんは、まとあてゲームを しました。3回 ボールを なげて、点数を 出します。①しき・答え　1つ3点、②1つ3点(12点)

① ゆうまさんは あと 5点で 30点でした。ゆうまさんの 点数は 何点でしたか。

しき

答え（　　　　　　　　）

② ゆうまさんの まとは 下の ⑧、⑨の どちらですか。その わけも 書きましょう。

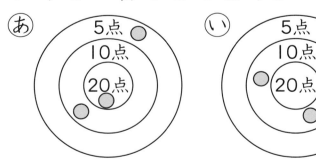

ゆうまさんの まとは □ です。

わけ（

教科書ぴったりトレーニング

# 丸つけラクラクかいとう

この「丸つけラクラクかいとう」は
とりはずしてお使いください。

教育出版版
算数2年

「丸つけラクラクかいとう」では
もんだいと 同じ ところに 赤字
で 答えを 書いて います。
①もんだいが とけたら、まずは
答え合わせを しましょう。
②まちがえた もんだいは、てびき
を 読んで、もういちど 見直し
しましょう。

**見やすい答え**

**おうちのかたへ**

**おうちのかたへ** では、次のような
ものを示しています。
・学習のねらいやポイント
・他の学年や他の単元の学習内容との
つながり
・まちがいやすいことやつまずきやすい
ところ
お子様への説明や、学習内容の把握
などにご活用ください。

**くわしいてびき**

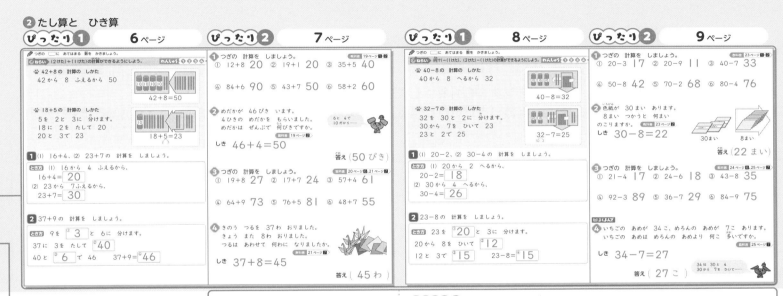

② たし算と ひき算

**ぴったり1** 6ページ

◎ねらい (2けた)＋(1けた)の計算ができるようにしよう。 れんしゅう❶❷❸❹

☆ 42＋8の 計算の しかた
42から 8 ふえるから 50
42＋8＝50

☆ 18＋5の 計算の しかた
5と 2と 3に 分けます。
18に 2を たして 20
20と 3で 23
18＋5＝23

❶ (1) 16＋4、(2) 23＋7の 計算を しましょう。

とき方 (1) 16から 4 ふえるから、
16＋4＝ 20
(2) 23から 7ふえるから、
23＋7＝ 30

❷ 37＋9の 計算を しましょう。

とき方 9を 3 と 6に 分けます。
37に 3を たして 40
40と 6 で 46　　37＋9＝ 46

**ぴったり2** 7ページ

❶ つぎの 計算を しましょう。 教科書 19ページ❶・❷
① 12＋8 20 ② 19＋1 20 ③ 35＋5 40
④ 84＋6 90 ⑤ 43＋7 50 ⑥ 58＋2 60

❷ めだかが 46ぴき います。
4ひきの めだかを もらいました。
めだかは ぜんぶで 何びきですか。 教科書 19ページ❷

しき 46＋4＝50

答え (50ぴき)

❸ つぎの 計算を しましょう。 教科書 20ページ❶ 21ページ❷
① 19＋8 27 ② 17＋7 24 ③ 57＋4 61
④ 64＋9 73 ⑤ 76＋5 81 ⑥ 48＋7 55

❹ きのう つるを 37わ おりました。
きょう また 8わ おりました。
つるは あわせて 何わに なりましたか。 教科書 21ページ❷

しき 37＋8＝45

答え (45わ)

**ぴったり1** 8ページ

◎ねらい (何十)ー(1けた)、(2けた)ー(1けた)の計算ができるようにしよう。 れんしゅう❶❷❸

☆ 40ー8の 計算の しかた
40から 8 へるから 32
40ー8＝32

☆ 32ー7の 計算の しかた
32を 30と 2に 分けます。
30から 7を ひいて 23
23と 2で 25
32ー7＝25

❶ (1) 20ー2、(2) 30ー4の 計算を しましょう。

とき方 (1) 20から 2 へるから、
20ー2＝ 18
(2) 30から 4 へるから、
30ー4＝ 26

❷ 23ー8の 計算を しましょう。

とき方 23を 20 と 3に 分けます。
20から 8を ひいて 12
12と 3で 15　　23ー8＝ 15

**ぴったり2** 9ページ

❶ つぎの 計算を しましょう。 教科書 23ページ ❶・❷
① 20ー3 17 ② 20ー9 11 ③ 40ー7 33
④ 50ー8 42 ⑤ 70ー2 68 ⑥ 80ー4 76

❷ 色紙が 30まい あります。
8まい つかうと 何まい
のこりますか。 教科書 23ページ❷

しき 30ー8＝22

答え (22まい)

❸ つぎの 計算を しましょう。 教科書 24ページ・25ページ❶
① 21ー4 17 ② 24ー6 18 ③ 43ー8 35
④ 92ー3 89 ⑤ 36ー7 29 ⑥ 84ー9 75

加 よくよもう ❹ いちごの あめが 34こ、めろんの あめが 7こ あります。
いちごの あめは めろんの あめより 何こ 多いですか。 教科書 25ページ❷

しき 34ー7＝27

答え (27こ)

**ぴったり1**

**おうちのかたへ**
1と9、2と8、…のように、あわせて
10になる数をすぐに言えるように練習
しましょう。

**ぴったり2**
❶ ①12から 8 ふえるから、
12＋8＝20
④84から 6 ふえるから、
84＋6＝90
❷ 4ひき もらったから、たし算に
なります。46から 4 ふえるから、
46＋4＝50 です。

❸ ①8を 1と 7に 分けます。
19に 1を たして 20
20と 7で 27
④9を 6と 3に 分けます。
64に 6を たして 70
70と 3で 73
❹ あわせた 数を もとめるから、
たし算です。しきは、37＋8＝45
です。

**ぴったり1**
❶ ①20から 3 へるから、
20ー3＝17
③40から 7 へるから、
40ー7＝33
⑤70から 2 へるから、
70ー2＝68
❷ 8まい へるから、ひき算に
なります。しきは、30ー8＝22
です。
❸ ①21を 20と 1に 分ける。
20から 4を ひいて 16
16と 1で 17

③43を 40と 3に 分けます。
40から 8を ひいて 32
32と 3で 35
⑤36を 30と 6に 分けます。
30から 7を ひいて 23
23と 6で 29
❹ ちがいを もとめるので、ひき算に
なります。しきは、34ー7＝27
です。

※紙面はイメージです。

**ぴったり1** 　　2ページ

つぎの □ に あてはまる 数や ことばを 書きましょう。

◎めあて　表やグラフにあらわして、そこからよみとれるようになろう。　れんしゅう❶

❄️表と グラフ

表や グラフに あらわすと、数の ちがいが くらべやすく なります。

それぞれの あそびを して いる 人数を、表と グラフに あらわしました。

あそびの 人数しらべ

| しゅるい | なわとび | ぶらんこ | シーソー | すなあそび | すべり台 |
|---|---|---|---|---|---|
| 人数(人) | 5 | 3 | 4 | 6 | 7 |

❶ ぶらんこで あそんで いる 人は 何人でしょうか。

とき方　人数を しらべるには、表が べんりです。表の ぶらんこの らんを 見ると **3** 人です。

うすい 字は なぞって 考えよう。

❷ どの あそびを して いる 人が いちばん 多いでしょうか。

とき方　多い 少ないを しらべるには、グラフが べんりです。

○の 数が いちばん 多い **すべり台** です。

グラフに すると、くらべやすいね。

あそびの 人数しらべ

（グラフ：なわとび、ぶらんこ、シーソー、すなあそび、すべり台）

---

**ぴったり2** 　　3ページ

教科書 13ページ❶

❶ 野さいの 数を 表や グラフに あらわしましょう。

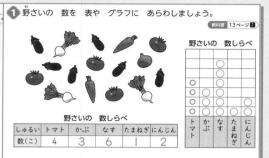

野さいの 数しらべ

| しゅるい | トマト | かぶ | なす | たまねぎ | にんじん |
|---|---|---|---|---|---|
| 数(こ) | 4 | 3 | 6 | 1 | 2 |

野さいの 数しらべ

（グラフ：トマト、かぶ、なす、たまねぎ、にんじん）

① かぶは 何こでしょうか。

（ 3こ ）

② どの 野さいが いちばん 多いでしょうか。

（ なす ）

○は 下から かいて いってね。

③ どの 野さいが いちばん 少ないでしょうか。

（ たまねぎ ）

▶まちがいちゅうい

④ トマトと なすでは、どちらが 何こ 多いでしょうか。

（ なすが 2こ 多い。 ）

---

**ぴったり3** 　　4〜5ページ

知識・技能　　　/100点

❶ よく出る くだものの 数を しらべましょう。　1もん10点(40点)

（くだものの絵）

① くだものの 数を 表に あらわしましょう。

くだものの 数しらべ

| しゅるい | りんご | みかん | いちご | バナナ |
|---|---|---|---|---|
| 数(こ) | 4 | 5 | 8 | 3 |

② くだものの 数を グラフに あらわしましょう。

くだものの 数しらべ

（グラフ：りんご、みかん、いちご、バナナ）

③ どの くだものが いちばん 多いでしょうか。

（ いちご ）

④ みかんは バナナより 何こ 多いでしょうか。

（ 2こ ）

❷ 2年2組の 人の 生まれた 月を しらべました。

①20点、②〜⑤1つ10点(60点)

生まれた 月しらべ

| 生まれた月 | 4月 | 5月 | 6月 | 7月 | 8月 | 9月 | 10月 | 11月 | 12月 | 1月 | 2月 | 3月 |
|---|---|---|---|---|---|---|---|---|---|---|---|---|
| 人数(人) | 3 | 5 | 2 | 4 | 1 | 2 | 3 | 1 | 4 | 3 | 2 | 2 |

① グラフを かんせいさせましょう。

生まれた 月しらべ

（グラフ：4月〜3月）

② 生まれた 人数が いちばん 多い 月は 何月でしょうか。

（ 5月 ）

③ 7月生まれと 人数が 同じ 月は 何月でしょうか。

（ 12月 ）

④ 1月生まれの 人数は、8月生まれの 人数より 何人 多いでしょうか。

（ 2人 ）

すごいスゴイ!

⑤ 1月から 3月までに 生まれた 人数は、ぜんぶで 何人でしょうか。

（ 7人 ）

---

**ぴったり1**

🏠 おうちのかたへ

表やグラフに表したら、その表やグラフを見て気がついたことをまとめておくとよいでしょう。数を調べるには表、多い少ないを調べるにはグラフが便利です。

**ぴったり2**

❶ 〈表〉それぞれの野さいの数を数えます。数えおわったものには、✓などのしるしをつけておくとよいでしょう。

〈グラフ〉表の数だけ○をかきます。下からじゅんにかいていきましょう。

①数は、表を見るとわかりやすいです。

②③多い・少ないは、グラフから○の高さをくらべましょう。

④表から、トマトは4こ、なすは6こです。6−4＝2で、なすが2こ多いです。

グラフを見てもわかります。○の数のちがいが、こ数のちがいになるので、計算しなくても、ちがいの数がわかります。

**ぴったり3**

❶ ①数えまちがいがないように、数えたものにはしるしをつけていくとよいでしょう。

②表の数だけ、下から○をかいていきます。

③グラフを見ると、○の高さがいちばん高いいちごが、いちばん数が多いことがわかります。

④表から、みかんは5こ、バナナは3こなので、5−3＝2で、2こ多いとわかります。グラフで考えると、○の高さから、みかんのほうが2こ多いことがわかります。

❷ ③表からよみとることもできますが、グラフのほうがわかりやすいです。7月の○の高さと同じ高さの月をさがします。

④1月生まれの人数は3人、8月生まれの人数は1人だから、3−1＝2（人）

⑤1月が3人、2月が2人、3月が2人だから、1月から3月までに生まれた人数は、3＋2＋2＝7（人）

## ぴったり❶　6ページ

つぎの □ に あてはまる 数を 書きましょう。

めあて　2けた＋2けたの 計算が、筆算で できるように なろう。　れんしゅう❶❷

🐾 14＋23の 筆算の しかた

十の位　一の位

```
  1 4
＋ 2 3
```

❶ 位を たてに そろえて 書く。

```
  1 4
＋ 2 3
―――
    7
```

❷ 一の位の 計算を する。
4＋3＝7

十の位の 計算の 1＋2＝3は、10が 3こと いう いみだよ。

```
  1 4
＋ 2 3
―――
  3 7
```

❸ 十の位の 計算を する。
1＋2＝3

**1** 43＋35を 筆算で しましょう。

とき方　❶ 位を たてに そろえて 書く。
❷ 一の位の 計算は、3＋5＝**8**
❸ 十の位の 計算は、4＋3＝**7**

```
  4 3
＋ 3 5
―――
  7 8
```

**2** 27＋30を 筆算で しましょう。

とき方　❶ 位を たてに そろえて 書く。
❷ 一の位の 計算は、7＋0＝**7**
❸ 十の位の 計算は、2＋3＝**5**

```
  2 7
＋ 3 0
―――
  5 7
```

## ぴったり❷　7ページ

❶ 筆算で しましょう。　教科書 22ページ❷、23ページ◆・◆

① 23＋42
```
  2 3
＋ 4 2
―――
  6 5
```

② 14＋25
```
  1 4
＋ 2 5
―――
  3 9
```

③ 43＋40
```
  4 3
＋ 4 0
―――
  8 3
```

④ 50＋31
```
  5 0
＋ 3 1
―――
  8 1
```

⑤ 50＋20
```
  5 0
＋ 2 0
―――
  7 0
```

⑥ 30＋60
```
  3 0
＋ 6 0
―――
  9 0
```

一の位→十の位の じゅんに 計算しよう。

👀 よくよんで
❷ みなとさんは、16円の グミと 22円の ラムネを、1つずつ 買います。
あわせて 何円に なるでしょうか。　教科書 19ページ❶

式　16＋22＝38

筆算
```
  1 6
＋ 2 2
―――
  3 8
```

答え（ 38 円 ）

## ぴったり❶　8ページ

つぎの □ に あてはまる 数を 書きましょう。

めあて　くり上がりのある たし算が、筆算で できるように なろう。　れんしゅう❶❷❸

🐾 26＋17の 筆算の しかた

十の位　一の位

```
  2 6
＋ 1 7
```

❶ 位を たてに そろえて 書く。

```
  1
  2 6
＋ 1 7
―――
    3
```

❷ 一の位の 計算を する。
6＋7＝13
十の位に 1 くり上げる。

```
  1
  2 6
＋ 1 7
―――
  4 3
```

❸ 十の位の 計算を する。
1＋2＋1＝4

**1** 筆算で しましょう。

(1) 54＋28　　(2) 43＋17

とき方　位を たてに そろえて 書きます。

(1)　❶ 一の位の 計算は、4＋8＝**12**
❷ 十の位に 1 くり上げる。
❸ 十の位の 計算は、1＋5＋2＝**8**

```
    1
    5 4
  ＋ 2 8
  ―――
    8 2
```

(2)　❶ 一の位の 計算は、3＋7＝10
❷ 十の位に **1** くり上げる。
❸ 十の位の 計算は、**1**＋4＋1＝**6**

```
    1
    4 3
  ＋ 1 7
  ―――
    6 0
```

## ぴったり❷　9ページ

❶ 筆算で しましょう。　教科書 25ページ◆

① 27＋35
```
  2 7
＋ 3 5
―――
  6 2
```

② 78＋16
```
  7 8
＋ 1 6
―――
  9 4
```

③ 47＋24
```
  4 7
＋ 2 4
―――
  7 1
```

❷ 計算を しましょう。　教科書 25ページ◆、26ページ

① 18＋57　75　② 42＋39　81

まちがい・ちゅうい
③ 28＋52　80　④ 66＋24　90

くり上げた 1を 小さく 書いておこう。

❸ 公園に 子どもが 45人、大人が 18人 います。あわせて 何人 いるでしょうか。　教科書 23ページ❸

式　45＋18＝63

筆算
```
  4 5
＋ 1 8
―――
  6 3
```

答え（ 63人 ）

---

## ぴったり❶

🏠 おうちのかたへ
初めて、位をたてにそろえて計算する筆算を学習します。基本は、位をたてにそろえて、一の位→十の位の順に計算します。

## ぴったり❷

❶ 筆算は位をたてにそろえて計算します。一の位→十の位のじゅんに計算しましょう。
　①一の位の計算は、3＋2＝5
　　十の位の計算は、2＋4＝6
　③一の位の計算は、3＋0＝3
　　十の位の計算は、4＋4＝8
　④一の位の計算は、0＋1＝1
　　十の位の計算は、5＋3＝8
　⑥一の位の計算は、0＋0＝0
　　十の位の計算は、3＋6＝9
❷ 「あわせて何円」なので、たし算になります。

⏱ しあげの5分レッスン
筆算で計算するときは、一の位や十の位の数字をたてにそろえよう。

## ぴったり❶

🏠 おうちのかたへ
十の位にくり上がりがある筆算です。くり上がったことを忘れないように、十の位の上に小さく書いておく習慣をつけさせましょう。

## ぴったり❷

❶ 位をたてにそろえて書き、一の位→十の位のじゅんに計算をします。十の位へくり上げた1をわすれないようにしましょう。

❷ ①
```
  1
  1 8
＋ 5 7
―――
  7 5
```
②
```
  1
  4 2
＋ 3 9
―――
  8 1
```
③
```
  1
  2 8
＋ 5 2
―――
  8 0
```
④
```
  1
  6 6
＋ 2 4
―――
  9 0
```

❸ 「あわせて何人」なので、たし算になります。計算は、十の位へのくり上がりをわすれないようにしましょう。

✏ つぎの □ に あてはまる 数を 書きましょう。

◎めあて 1けたと2けたのくり上がりのあるたし算が、筆算でできるようになろう。 れんしゅう ①②

🐾 6+27の 筆算の しかた

$$\begin{array}{r} 6 \\ +27 \\ \hline \end{array} \Rightarrow \begin{array}{r} 6 \\ +27 \\ \hline 3 \end{array} \Rightarrow \begin{array}{r} 6 \\ +27 \\ \hline 33 \end{array}$$

❶ 位を たてに そろえて 書く。
❷ 一の位の 計算 6+7=13
❸ 十の位の 計算 1+2=3

1 57+8を 筆算で しましょう。

とき方 ❶ 位を たてに そろえて 書く。
❷ 一の位の 計算は、7+8= 15
❸ 十の位の 計算は、1+5= 6

$$\begin{array}{r} 1 \\ 5\ 7 \\ +\ \ 8 \\ \hline 6\ 5 \end{array}$$

◎めあて たし算のきまりをおぼえよう。 れんしゅう ③

🐾 たし算の きまり

たし算では、たされる数と
たす数を たしても、
答えは 同じに なります。

たされる数 たす数 答え
14 + 9 = 23
9 + 14 = 23

2 つぎの 計算を して、答えを くらべましょう。
㋐ 17+26  ㋑ 26+17

とき方

㋐ $\begin{array}{r} 1\ 7 \\ +2\ 6 \\ \hline 4\ 3 \end{array}$  ㋑ $\begin{array}{r} 2\ 6 \\ +1\ 7 \\ \hline 4\ 3 \end{array}$  ㋐も ㋑も 答えは 43 で、同じに なります。

---

❶ 筆算で しましょう。 教科書 26ページ⑦

① 28+6  ② 9+45  ③ 7+64

$$\begin{array}{r} 2\ 8 \\ +\ \ 6 \\ \hline 3\ 4 \end{array} \qquad \begin{array}{r} 9 \\ +4\ 5 \\ \hline 5\ 4 \end{array} \qquad \begin{array}{r} 7 \\ +6\ 4 \\ \hline 7\ 1 \end{array}$$

まちがいちゅうい

❷ 計算を しましょう。 教科書 26ページ⑧

① 37+5  42  ② 8+79  87

③ 8+82  90  ④ 54+6  60

（一の位を そろえて 書こう。🐶）

❸ 計算を しましょう。また、たされる数と たす数を 入れかえて たして、答えが 同じに なる ことを たしかめましょう。 教科書 28ページ◇

① 29+62  入れかえた 計算  ② 46+8  入れかえた 計算

$$\begin{array}{r} 2\ 9 \\ +6\ 2 \\ \hline 9\ 1 \end{array} \quad \begin{array}{r} 6\ 2 \\ +2\ 9 \\ \hline 9\ 1 \end{array} \qquad \begin{array}{r} 4\ 6 \\ +\ \ 8 \\ \hline 5\ 4 \end{array} \quad \begin{array}{r} 8 \\ +4\ 6 \\ \hline 5\ 4 \end{array}$$

---

知識・技能 /60点

1 右の 筆算の しかたを せつ明して います。
□ に あてはまる 数を 書きましょう。 1つ5点(20点)

❶ 位を たてに そろえて 書く。
❷ 一の位の 計算を する。
8+7= 15
十の位に 1 くり上げる。
❸ 十の位の 計算を する。
1+3+2= 6
❹ 38+27= 65

$$\begin{array}{r} 3\ 8 \\ +2\ 7 \\ \hline \end{array}$$

2 よく出る 筆算で しましょう。 1つ5点(30点)

① 42+23  ② 30+67

$$\begin{array}{r} 4\ 2 \\ +2\ 3 \\ \hline 6\ 5 \end{array} \qquad \begin{array}{r} 3\ 0 \\ +6\ 7 \\ \hline 9\ 7 \end{array}$$

③ 15+58  ④ 26+34

$$\begin{array}{r} 1\ 5 \\ +5\ 8 \\ \hline 7\ 3 \end{array} \qquad \begin{array}{r} 2\ 6 \\ +3\ 4 \\ \hline 6\ 0 \end{array}$$

⑤ 9+38  ⑥ 83+7

$$\begin{array}{r} 9 \\ +3\ 8 \\ \hline 4\ 7 \end{array} \qquad \begin{array}{r} 8\ 3 \\ +\ \ 7 \\ \hline 9\ 0 \end{array}$$

3 つぎの 筆算の まちがいを 見つけて、正しく 計算しましょう。 1つ5点(10点)

① $\begin{array}{r} 2\ 9 \\ +3\ 4 \\ \hline 5\ 3 \end{array}$ ➡ $\begin{array}{r} 2\ 9 \\ +3\ 4 \\ \hline 6\ 3 \end{array}$  ② $\begin{array}{r} 5 \\ +2\ 8 \\ \hline 7\ 8 \end{array}$ ➡ $\begin{array}{r} 5 \\ +2\ 8 \\ \hline 3\ 3 \end{array}$

思考・判断・表現 /40点

4 赤い 花が 38こ、白い 花が 15こ さいて います。
あわせて 何こ さいて いるでしょうか。 式・筆算・答え 1つ5点(15点)

式  筆算 $\begin{array}{r} 3\ 8 \\ +1\ 5 \\ \hline 5\ 3 \end{array}$
38+15=53
答え（ 53 こ ）

5 ゆきさんは、きのうまでに 本を 54ページまで 読みました。
今日 16ページ 読みました。
ぜんぶで 何ページ 読んだでしょうか。 式・筆算・答え 1つ5点(15点)

式  筆算 $\begin{array}{r} 5\ 4 \\ +1\ 6 \\ \hline 7\ 0 \end{array}$
54+16=70
答え（ 70 ページ ）

できたらスゴイ!

6 ①、②と 答えが 同じに なる 式を □の 中から
えらびましょう。 1つ5点(10点)

① 17+45

② 46+29

（ ㋒ ）

（ ㋔ ）

㋐ 17+35
㋑ 29+45
㋒ 45+17
㋓ 45+27
㋔ 29+46

---

4

---

ぴったり①

🏠 おうちのかたへ

「たされる数とたす数を入れかえてたし
ても、答えは同じになる」というたし算
のきまりは、たし算の答えの確かめに使
うことができることに気づかせましょう。

ぴったり②

❶ 筆算の 書き方にちゅういしましょう。
一の位の数字を、きちんとたてにそ
ろえます。

❷ ① $\begin{array}{r} 3\ 7 \\ +\ \ 5 \\ \hline 4\ 2 \end{array}$  ② $\begin{array}{r} 8 \\ +7\ 9 \\ \hline 8\ 7 \end{array}$

③ $\begin{array}{r} 8 \\ +8\ 2 \\ \hline 9\ 0 \end{array}$  ④ $\begin{array}{r} 5\ 4 \\ +\ \ 6 \\ \hline 6\ 0 \end{array}$

❸ たし算では、たされる数とたす数を
入れかえてたしても、答えは同じに
なります。このきまりをつかって、
たし算の答えのたしかめをすること
ができます。

ぴったり③

❶ 筆算は、位ごとに一の位から計算し
ます。十の位に1くり上げることを
わすれないようにしましょう。

❷ 一の位、十の位がたてにそろうよう
に書きます。
③④十の位へのくり上がりをわすれ
ないようにしましょう。

❸ ①十の位に1くり上がったことをわ
すれてしまったまちがいです。く
り上がった1をわすれないように、
十の位の上に小さく書いておきま
しょう。

②一の位の数字を十の位に書いてし
まったまちがいです。筆算では、
位がたてにそろうようにちゅうい
しましょう。

❹ 「あわせて何こ」なので、たし算です。
十の位にくり上がった1をわすれな
いようにしましょう。

❺ 「ぜんぶで何ページ」なので、たし算
です。一の位が0になるので、気を
つけましょう。

❻ たし算では、たされる数とたす数を
いれかえてたしても答えは同じです。

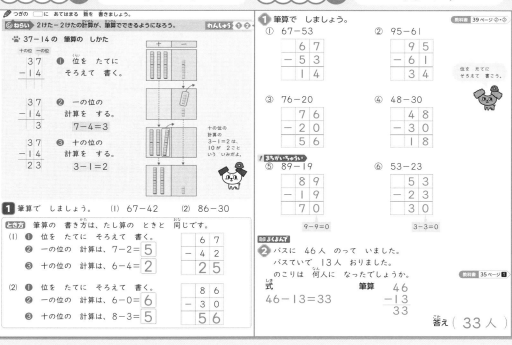

### ぴったり① 14ページ

◎ねらい　2けた−2けたの計算が、筆算でできるようになろう。　れんしゅう①②

☆ 37−14 の 筆算の しかた

十の位　一の位

3 7
−1 4

❶ 位を たてに そろえて 書く。

3 7
−1 4
　　3

❷ 一の位の 計算を する。
7−4=3

3 7
−1 4
2 3

❸ 十の位の 計算を する。
3−1=2

十の位の計算の 3−1=2 は、10が 2こと いう いみだよ。

❶ 筆算で しましょう。　(1) 67−42　(2) 86−30

とき方　筆算の 書き方は、たし算の ときと 同じです。

(1) ❶ 位を たてに そろえて 書く。
❷ 一の位の 計算は、7−2=**5**
❸ 十の位の 計算は、6−4=**2**

6 7
−4 2
2 5

(2) ❶ 位を たてに そろえて 書く。
❷ 一の位の 計算は、6−0=**6**
❸ 十の位の 計算は、8−3=**5**

8 6
−3 0
5 6

### ぴったり② 15ページ

① 筆算で しましょう。　教科書39ページ②・③

① 67−53
6 7
−5 3
1 4

② 95−61
9 5
−6 1
3 4

③ 76−20
7 6
−2 0
5 6

④ 48−30
4 8
−3 0
1 8

位を たてに そろえて 書こう。

**まちがいちゅうい**
⑤ 89−19
8 9
−1 9
7 0
9−9=0

⑥ 53−23
5 3
−2 3
3 0
3−3=0

**よくよんで**
② バスに 46人 のって いました。バスていで 13人 おりました。のこりは 何人に なったでしょうか。　教科書35ページ❶

式　46−13=33

筆算
4 6
−1 3
　3 3

答え（ **33人** ）

### ぴったり① 16ページ

◎めあて　くり下がりのあるひき算が、筆算でできるようになろう。　れんしゅう①②

☆ 31−16 の 筆算の しかた

3 1
−1 6

❶ 位を たてに そろえて 書く。

2 1
3 1
−1 6
　　5

❷ 一の位の 計算を する。
1から 6は ひけないので、十の位から 1 くり下げる。
11−6=5

十の位から くり下げた ことが わかる ように、書いて おこう。

2 1
3 1
−1 6
1 5

❸ 十の位の 計算を する。
2−1=1

31−16=15

❶ 61−18を 筆算で しましょう。

とき方　❶ 一の位の 計算は、十の位から 1 くり下げて、**11**−8=3
❷ 十の位の 計算は、5−1=**4**

6 1
−1 8
4 3

◎めあて　ひき算の答えのたしかめが、できるようになろう。　れんしゅう③

☆ たし算と ひき算の かんけい
ひき算の 答えに ひく数を たすと、ひかれる数に なります。

ひかれる数　ひく数　答え
23 − 8 = 15
15 + 8 = 23

❷ 34−9=25 の 答えは、**25**+9=**34** で、たしかめる ことが できます。
答え　ひく数　ひかれる数

### ぴったり② 17ページ

① 筆算で しましょう。　教科書43ページ④・⑤

① 71−14
7 1
−1 4
5 7

② 82−39
8 2
−3 9
4 3

③ 64−47
6 4
−4 7
1 7

**まちがいちゅうい**
② 計算を しましょう。　教科書44ページ④・⑤・⑥・⑦・⑧

① 51−45　6　② 37−29　8　③ 80−73　7

④ 28−9　19　⑤ 53−7　46　⑥ 60−4　56

③ 計算を しましょう。また、答えの たしかめを しましょう。　教科書45ページ⑩

① 42　たしかめ
−28　　14
　14　＋28
　　　　42

② 90　たしかめ
−　5　　85
　85　＋　5
　　　　90

### ぴったり①

**おうちのかたへ**
ひき算の筆算も、たし算と同じように、一の位→十の位の順に計算することを確認させましょう。

### ぴったり②

❶ ③一の位の計算は、6−0=6
十の位の計算は、7−2=5
⑤一の位の計算は、9−9=0
十の位の計算は、8−1=7
一の位の0をわすれないようにしましょう。
⑥一の位の計算は、3−3=0

十の位の計算は、5−2=3
一の位に0を書くのをわすれないようにしましょう。

❷ バスにのこった人数をもとめるので、ひき算になります。筆算は、位をたてにそろえましょう。

### ぴったり①

**おうちのかたへ**
くり下がりのあるひき算の筆算では、くり下げた1を忘れないようにすることが大切です。

### ぴったり②

❶ くり下がりのあるひき算です。くり下げたら、十の位の数を1小さくしておきましょう。

❷ ①〜③答えの十の位が0になるひき算です。十の位の0は書かないようにしましょう。
④〜⑥筆算の書き方にちゅういしましょう。

① 4 1
5 1
−4 5
　　6

② 2 1
3 7
−2 9
　　8

③ 7 1
8 0
−7 3
　　7

④ 1 1
2 8
−　9
1 9

⑤ 4 1
5 3
−　7
4 6

⑥ 5 1
6 0
−　4
5 6

❸ ひき算の答えのたしかめは、
答え＋ひく数＝ひかれる数
の式でできます。

**知識・技能** /70点

**1** 右の 筆算の しかたを せつ明して います。
□に あてはまる 数を 書きましょう。 1つ5点(25点)

❶ 位を たてに そろえて 書く。

❷ 一の位の 計算を する。
3から 6は ひけないので、
十の位から 1 くり下げる。

| 13 |－6＝| 7 |

```
 4 3
－1 6
```

❸ 十の位の 計算を する。
| 3 |－1＝| 2 |

❹ 43－16＝| 27 |

**2** 51－28＝23の 答えを たしかめます。 1つ5点(15点)

① 下の □に あてはまる ことばを 書きましょう。
ひき算の 答えに ひく数 を たすと、
ひかれる数に なります。

② たしかめの 式を 書きました。
□に あてはまる 数を 書きましょう。
23＋| 28 |＝| 51 |

**3** ❸❹❹ 筆算で しましょう。 1つ5点(30点)

```
① 37－14        ② 85－47
    3 7            8 5
  －1 4          －4 7
    2 3            3 8

③ 71－67        ④ 50－43
    7 1            5 0
  －6 7          －4 3
      4              7

⑤ 96－8         ⑥ 30－4
    9 6            3 0
  －  8          －  4
    8 8            2 6
```

**思考・判断・表現** /30点

**4** かえでさんは シールを 50まい もって いました。
この うち 32まいを つかいました。
のこりは 何まいでしょうか。 式・筆算・答え 1つ5点(15点)

式 　　　　　　　筆算
50－32＝18
```
    5 0
  －3 2
    1 8
```
　　　　　　　　　答え（ 18 まい）

**できたらスゴイ！**

**5** 玉入れきょうそうで、赤い 玉は 68こ、白い 玉は 82こ
入りました。どちらが 何こ 多く 入ったでしょうか。 式・筆算・答え 1つ5点(15点)

式 　　　　　　　筆算
82－68＝14
```
    8 2
  －6 8
    1 4
```
答え（ 白い 玉が 14こ 多く 入った。）

## 4 長さ

✏️ つぎの □に あてはまる 数を 書きましょう。

◎めあて 長さのたんい cm がわかるようになろう。 れんしゅう ❶❶

😺 センチメートル
長さは、同じ 長さを もとに して、その
いくつ分で あらわす ことが できます。
右の 長さは 1センチメートルです。
1センチメートルは 1cmと 書きます。

1cm

**1** テープの 長さは
何cm でしょうか。

とき方 1cmの 6こ分だから 6 cmです。

◎めあて 長さのたんい mm がわかるようになろう。 れんしゅう ❷❸❹

😺 ミリメートル
1cmを 同じ 長さに 10こに 分けた
1こ分の 長さを 1ミリメートルと いい、
1mmと 書きます。
| 1cm＝10mm |

1mm
1cm

1mm

cmも mmも
長さの たんいだよ

**2** 直線の 長さは
何cm何mmでしょうか。

とき方 長い めもりで 5 cm、
みじかい めもりで 3 mmだから、
5 cm 3 mmです。

まっすぐな 線を
直線と いうよ。

**ぴったり2** 　21ページ

**1** □に あてはまる 数を 書きましょう。 教科書 52ページ①

① 1cmの 8こ分の 長さは 8 cmです。

② 14 cmは、1cmの 14 こ分の 長さです。

**2** テープの 長さは 何cm何mmでしょうか。
また、何mmでしょうか。 教科書 55ページ❷・❸

（ 8 cm 5 mm）
（ 85 mm）

**まちがいちゅうい**

**3** どちらが 長いでしょうか。
長い ほうに ○を つけましょう。 教科書 55ページ④

①（ 7cm 、68 mm）

②（ 12cm 、2cm ）

長さを くらべる ときは、
たんいを そろえよう。

**4** つぎの 長さの 直線を かきましょう。 教科書 56ページ⑤

① 5cm
5cm

② 3cm8mm
3cm8mm

---

**ぴったり3**

❶ くり下がりの あるひき算がわかって
いるかをみるもんだいです。

❷ たし算とひき算のかんけいをつかっ
て、ひき算の答えのたしかめをする
ことができます。
答え＋ひく数＝ひかれる数

❸ ②
```
  7 1
  8 5
－4 7
  3 8
```
③
```
  6 1
  7 1
－6 7
    4
```
④
```
  4 1
  5 0
－4 3
    7
```
⑤
```
  8 1
  9 6
－  8
  8 8
```

❹ 「のこりは何まい」なので、ひき算に
なります。

❺ 玉の数のちがいをもとめるので、ひ
き算です。式を、68－82としな
いようにちゅういします。また、答
え方にも気をつけましょう。

**ぴったり1**

🏠 **おうちのかたへ**

初めて長さの単位を学習します。1cm
や1mmがどれくらいの長さかを、具体
物を使って量感を持たせましょう。

**ぴったり2**

❶ 長さは、1cmや1mmの何こ分で
あらわします。

❷ ものさしの大きい1めもりは1cm、
小さい1めもりは1mmをあらわし
ています。
1cmが8こ分で8cm、1mmが
5こ分で5mm、8cmと5mmで

8cm5mmです。8cmは80mm
なので、8cm5mmは85mmに
なります。

❸ 長さをくらべるときは、同じたんい
にそろえてくらべましょう。
①7cmは70mmなので、68mm
より長い。
②2cmは20mmなので、12mm
より長い。

❹ ものさしをつかって、①は5cm、②
は3cm8mmはなして2つの点をう
ち、その点と点を直線でむすびます。

## ぴったり①

つぎの □ に あてはまる 数を 書きましょう。

◎めあて 長さの計算ができるようになろう。　　れんしゅう ①>②>

**長さの 計算**

長さは たしたり ひいたり する ことが できます。

3cm 5mm ＋ 4cm ＝ 7cm 5mm

cmは cm。mmは mmで それぞれ 計算するよ。

3cm＋4cm＝7cm

**1** あの 線の 長さと、⊘の 線の 長さを くらべましょう。

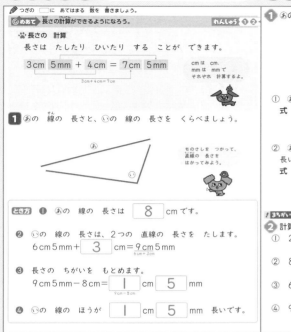

ものさしを つかって、直線の 長さを はかってみよう。

とき方 ❶ あの 線の 長さは [8] cmです。

❷ ⊘の 線の 長さは、2つの 直線の 長さを たします。

6cm 5mm＋[3]cm＝9cm 5mm
6cm＋3cm

❸ 長さの ちがいを まとめます。

9cm 5mm－8cm＝[1]cm[5]mm
9cm－8cm

❹ ⊘の 線の ほうが [1]cm[5]mm 長いです。

## ぴったり②

**1** あの 線の 長さと、⊘の 線の 長さを くらべます。

教科書 57ページ❹

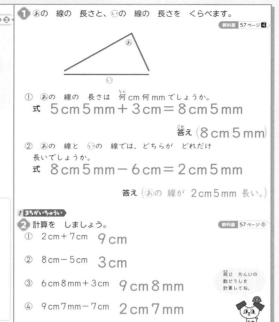

① あの 線の 長さは 何cm何mm でしょうか。

式 5cm 5mm＋3cm＝8cm 5mm

答え（8cm 5mm）

② あの 線と ⊘の 線では、どちらが どれだけ 長いでしょうか。

式 8cm 5mm－6cm＝2cm 5mm

答え（あの 線が 2cm 5mm 長い。）

⚠まちがい・ちゅうい

**2** 計算を しましょう。　　教科書 57ページ❺

① 2cm＋7cm　9cm

② 8cm－5cm　3cm

③ 6cm 8mm＋3cm　9cm 8mm

④ 9cm 7mm－7cm　2cm 7mm

同じ たんいの 数どうしを 計算してね。

## ぴったり③

知識・技能　　/80点

**1** テープの 長さを はかります。

□ に あてはまる 数を 書きましょう。　1もん5点(10点)

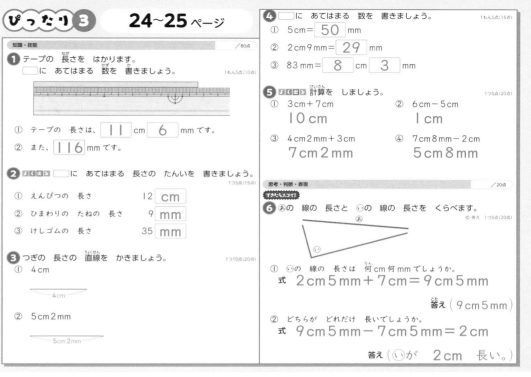

① テープの 長さは、[11]cm[6]mm です。

② また、[116]mm です。

**2** □ に あてはまる 長さの たんいを 書きましょう。　1つ5点(15点)

① えんぴつの 長さ　12[cm]

② ひまわりの たねの 長さ　9[mm]

③ けしゴムの 長さ　35[mm]

**3** つぎの 長さの 直線を かきましょう。　1つ10点(20点)

① 4cm

4cm

② 5cm 2mm

5cm 2mm

**4** □ に あてはまる 数を 書きましょう。　1もん5点(15点)

① 5cm＝[50]mm

② 2cm 9mm＝[29]mm

③ 83mm＝[8]cm[3]mm

**5** よく出る 計算を しましょう。　1つ5点(20点)

① 3cm＋7cm　10cm

② 6cm－5cm　1cm

③ 4cm 2mm＋3cm　7cm 2mm

④ 7cm 8mm－2cm　5cm 8mm

思考・判断・表現　　/20点

✏できたらスゴイ！

**6** あの 線の 長さと ⊘の 線の 長さを くらべます。　式・答え 1つ5点(20点)

① ⊘の 線の 長さは 何cm何mm でしょうか。

式 2cm 5mm＋7cm＝9cm 5mm

答え（9cm 5mm）

② どちらが どれだけ 長いでしょうか。

式 9cm 5mm－7cm 5mm＝2cm

答え（⊘が 2cm 長い。）

---

## ぴったり①

🏠 **おうちのかたへ**

長さの計算では、同じ単位どうしで計算するように注意させてください。単位がちがう場合は、同じ単位にそろえて計算させましょう。

## ぴったり②

❶ 長さも、たし算やひき算ができます。式を書くときは、たんいもいっしょに書きましょう。

①あの線の長さは、5cm5mmと3cmの2つ直線をあわせた長さだから、たし算をします。同じたんいどうしを計算しましょう。

5cm5mm＋3cm＝8cm5mm

②ちがいをもとめるので、ひき算をします。

8cm5mm－6cm＝2cm5mm

❷ 同じたんいどうしを計算します。

③6cm8mm＋3cm＝9cm8mm

④9cm7mm－7cm＝2cm7mm

## ぴったり③

❶ ②1cm＝10mm なので、11cm は110mm になります。それに6mm をたします。

❷ 1cm、1mm のだいたいの長さをおぼえておきましょう。

③35cm では長すぎます。35mm だと3cm5mm だから、てきとうな長さといえます。

❸ 直線は、ものさしをつかって、点と点をむすんでかきます。ものさしがうごかないようちゅういしましょう。

❹ 1cm＝10mm をもとに考えましょう。

❺ 同じたんいどうしを計算します。

③4cm2mm＋3cm＝7cm2mm

④7cm8mm－2cm＝5cm8mm

❻ ①まず、ものさしで長さをはかります。2cm5mm と7cm なので、たし算で長さをもとめます。

②あの直線の長さをはかると、7cm5mm です。⊘のほうが長いので、長さのちがいは、⊘－あの式でもとめます。

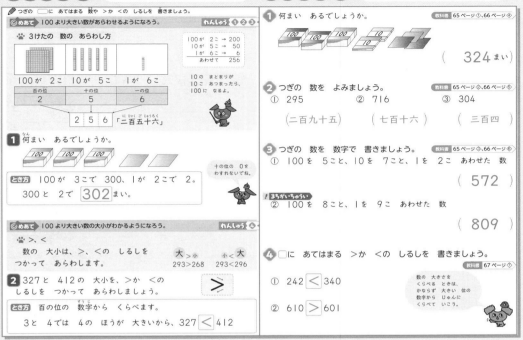

## ぴったり① 26ページ

🖊 つぎの ◯ に あてはまる 数や >か <の しるしを 書きましょう。

◎めあて 100より大きい数があらわせるようになろう。　れんしゅう ①②③

♣ 3けたの 数の あらわし方

100が 2こ → 200
10が 5こ → 50
1が 6こ → 6
あわせて 256

100が 2こ　10が 5こ　1が 6こ

| 百の位 | 十の位 | 一の位 |
|---|---|---|
| 2 | 5 | 6 |

2 5 6 「二百五十六」

10の まとまりが
10こ あつまったら、
100に なるよ。

■1 何まい あるでしょうか。

十の位の 0を
わすれないでね。

とき方　100が 3こで 300、1が 2こで 2。
300と 2で [302] まい。

◎めあて 100より大きい数の大小がわかるようになろう。　れんしゅう ④

♣ >、<
数の 大小は、>、<の しるしを
つかって あらわします。

大 >小　小 < 大
293>268　293<296

■2 327と 412の 大小を、>か <の
しるしを つかって あらわしましょう。　[ > ]

とき方　百の位の 数字から くらべます。
3と 4では 4の ほうが 大きいから、327 [<] 412

## ぴったり② 27ページ

1 何まい あるでしょうか。　教科書 65ページ①、66ページ④

( 324まい)

2 つぎの 数を よみましょう。　教科書 65ページ②、66ページ⑤
① 295　② 716　③ 304

(二百九十五)　(七百十六)　( 三百四 )

3 つぎの 数を 数字で 書きましょう。　教科書 65ページ③、66ページ⑥
① 100を 5こと、10を 7こと、1を 2こ あわせた 数

( 572 )

まちがいちゅうい
② 100を 8こと、1を 9こ あわせた 数

( 809 )

4 ◯に あてはまる >か <の しるしを 書きましょう。　教科書 67ページ⑦

① 242 [<] 340

② 610 [>] 601

数の 大きさを
くらべる ときは、
かならず 大きい 位の
数字から じゅんに
くらべて いこう。

## ぴったり① 28ページ

🖊 つぎの ◯ に あてはまる 数を 書きましょう。

◎めあて 数の線の見方がわかるようになろう。　れんしゅう ①

♣ 数の線の 見方
いちばん 小さい 1めもりの
大きさを 考えて、めもりを よみます。

200 250 370 400
200から 300までが 10こに
分かれて いるから、1めもりは
10を あらわして いる。

■1 ⑤の めもりが あらわす
数を 答えましょう。

400 500 ⑤ 600

とき方　いちばん 小さい 1めもりは
[10] を あらわすから [540]。

数の線の ことも
「数直線」と い
いうよ。

◎めあて 10をあつめた数や、千の大きさがわかるようになろう。　れんしゅう ②③

♣ 10の いくつ分の 見方
一の位が 0の 数は、10の いくつ分と 考える ことが
できます。

♣ 千　100を 10こ あつめた 数を 千と いい、
1000と 書きます。999より 1 大きい 数です。

■2 10を 63こ あつめた 数は いくつでしょうか。

とき方　10が 60こで 600、10が 3こで [30]
だから、10が 63こで [630]。

■3 1000は 10を 何こ あつめた 数でしょうか。

とき方　10が 10こで 100、100が [10] こで 1000
だから、10を [100] こ あつめると 1000に なります。

## ぴったり② 29ページ

1 下の 数の線を 見て 答えましょう。　教科書 68ページ④・⑥

0　⑤　280　⑥　500

① ⑤、⑥の めもりが あらわす 数を 書きましょう。
⑤( 90 )⑥( 600 )

② 280を あらわす めもりに ↓を 書きましょう。

③ 300より 50 小さい 数を 書きましょう。
( 250 )

④ 420より 100 大きい 数を 書きましょう。
( 520 )

2 ◯に あてはまる 数を 書きましょう。　教科書 71ページ⑨・⑩
① 10を 27こ あつめた 数は [270] です。
② 10を 80こ あつめた 数は [800] です。
③ 650は 10を [65] こ あつめた 数です。
④ 400は 10を [40] こ あつめた 数です。

10が
10こで
100だね。

まちがいちゅうい
3 1000より 1 小さい 数は いくつでしょうか。　教科書 72ページ⑪

( 999 )

1000は、999の
つぎの 数だね。

---

## ぴったり①

🏠 おうちのかたへ
数の大きさを比べるときは、大きい位から順に比べることが大切です。

## ぴったり②

1 100が 3こで 300、10が 2こで 20、ばらが 4なので、あわせて 324 になります。

2 ③十の位の 0はよみません。

3 ①100が 5こで 500
　10が 7こで　70
　1が 2こで　　2
　あわせて　　572

②100が 8こで 800
　1が 9こで　　9
　あわせて　　809

4 ①百の位の数字をくらべると、3の ほうが大きいから、242<340
②百の位の数字は同じだから、十の 位の数字をくらべると、1のほう が大きいから、610>601

## ぴったり①

🏠 おうちのかたへ
数の線（数直線）は、右へいくほど大きくなります。1目もりがいくつを表しているかに注目することが大切です。

## ぴったり②

1 大きいめもりが5こで500だから、大きい1めもりは100です。また、小さいめもりが10こで100だから、小さい1めもりは10です。
②280は、200と80だから、大きいめもりで2つ、小さいめもりで8つすすんだ数です。

③④数の線で考えてみましょう。

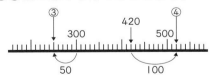
③　　　420　　④
300　　　　　　500
50　　　　100

2 ①10が 20こで 200、10が 7こ で 70だから、10が 27こで 270。
③600は 10が 60こ、50は 10 が 5こだから、650は 10が 65こ。

3 数の線で考えましょう。

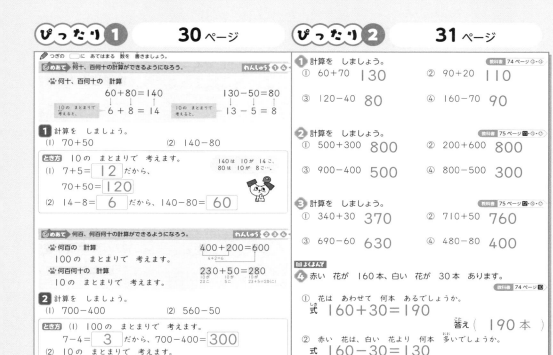

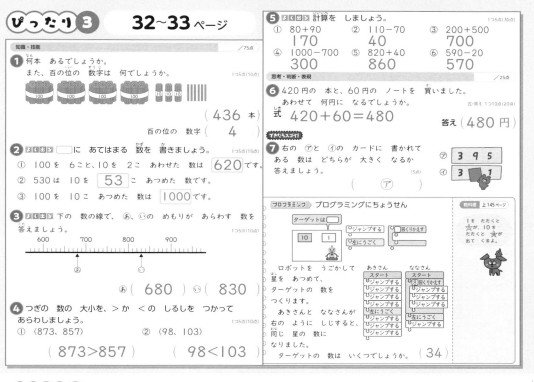

ぴったり❶ 30ページ　ぴったり❷ 31ページ　ぴったり❸ 32〜33ページ

## ぴったり❶

### 🏠 おうちのかたへ
何十や何百の計算は、10や100のまとまりで考えると、簡単な計算で答えが求められることに気づかせてください。

## ぴったり❷

❶ 10のまとまりで考えます。
　①10が、6+7=13（こ）
　　だから、60+70=130
　③10が、12−4=8（こ）
　　だから、120−40=80

❷ 100のまとまりで考えます。
　①100が、5+3=8（こ）
　　だから、500+300=800
　③100が、9−4=5（こ）
　　だから、900−400=500

❸ 10のまとまりで考えます。
　①10が、34+3=37（こ）
　　だから、340+30=370
　③10が、69−6=63（こ）
　　だから、690−60=630

❹ 10のまとまりで考えて、計算しましょう。

## ぴったり❸

❶ 100が4こで400、10が3こで30、1が6こで6、あわせて436本です。

❷ ②500は10が50こ、30は10が3こだから、530は10が53こ。

❸ 小さい1めもりは、100を10こに分けているので10をあらわします。

❹ 数の大きさをくらべるときは、百の位の数字からじゅんにくらべていきます。

❺ 10や100のまとまりで考えます。

❻ 「あわせて何円」なので、たし算になります。

❼ 百の位は同じ数なので、それより小さい位にちゅうもくします。㋐は95だから、㋑の十の位に9を入れても㋐のほうが大きくなります。

### プログラミング
あきさん…1を4回たたいて、10を3回たたいているので、星の数は34になります。
ななさん…1を24回たたいて、10を1回たたいているので、星の数は34になります。

## たし算と ひき算の 図

**34〜35ページ**

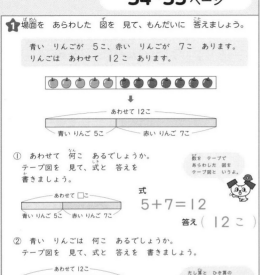

**1** 場面を あらわした 図を 見て、もんだいに 答えましょう。

青い りんごが 5こ、赤い りんごが 7こ あります。
りんごは あわせて 12こ あります。

あわせて 12こ
青い りんご 5こ　赤い りんご 7こ

① あわせて 何こ あるでしょうか。
テープ図を 見て、式と 答えを 書きましょう。

数を テープで あらわした 図を テープ図と いうよ。

あわせて □こ
青い りんご 5こ　赤い りんご 7こ

式　5+7=12

答え（ 12こ ）

② 青い りんごは 何こ あるでしょうか。
テープ図を 見て、式と 答えを 書きましょう。

あわせて 12こ
青い りんご □こ　赤い りんご 7こ

たし算と ひき算の どちらを つかって 答えを もとめるのかな？

式　12-7=5

答え（ 5こ ）

**2** ボールペンは 90円、ノートは 120円です。
ちがいは 何円でしょうか。

① もとめる 数を □円と して、テープ図に あらわしました。
□に あてはまる 数を 書きましょう。

これも テープ図だよ。

90 円
ちがい □円
120 円

② 式と 答えを 書きましょう。

式　120-90=30

答え（ 30円 ）

**3** つぎの もんだいを あらわす テープ図を あ、い、うから えらびましょう。

① 青い ボタンが 14こ、黄色い ボタンが 8こ あります。
あわせて 何こ あるでしょうか。 （ い ）

② 青い ボタンと 黄色い ボタンが あわせて 22こ あります。
黄色い ボタンは 8こです。
青い ボタンは 何こでしょうか。 （ う ）

③ 青い ボタンは 14こ、黄色い ボタンが 8こ あります。
ちがいは 何こでしょうか。 （ あ ）

あ
黄色い ボタン 8こ
ちがい □こ
青い ボタン 14こ

い
あわせて □こ
青い ボタン 14こ　黄色い ボタン 8こ

う
あわせて 22こ
青い ボタン □こ　黄色い ボタン 8こ

---

## 6 たし算と ひき算

**ぴったり1**　**36ページ**

つぎの □に あてはまる 数を 書きましょう。

**めあて** 答えが 100より 大きくなるたし算が できるようになろう。　れんしゅう ①②③

**35+97の 筆算の しかた**

35
+97

位を たてに そろえて 書く。

35
+97
2
5+7=12
十の位に 1 くり上げる。

35
+97
132
1+3+9=13
百の位に 1 くり上げる。

10が 10こ あつまると、100の まとまりが 1こ できるから、百の位に 1 くり上げるんだね。

**1** 64+78を 筆算で しましょう。

**とき方** ① 一の位は、4+8=12
十の位に 1 くり上げる。
② 十の位は、1+6+7= 14
百の位に 1 くり上げる。

1
64
+78
142

**めあて** 3けた+1けた、3けた+2けたの筆算ができるようになろう。　れんしゅう ④

**627+46の 筆算の しかた**

627
+46

627
+46
3

627
+46
73
7+6=13

627
+46
673
1+2+4=7

3けたに なっても、計算の しかたは かわらないよ。

**2** 548+7を 筆算で しましょう。

**とき方** ① 一の位は、8+7=15
② 十の位は、1+4= 5
③ 百の位は、5

548
+  7
555

**ぴったり2**　**37ページ**

**1** 筆算で しましょう。　教科書 85ページ①〜⑤、86ページ⑤

① 63+51
63
+51
114

② 79+53
79
+53
132

③ 5+98
5
+98
103

**2** 計算を しましょう。　教科書 85ページ②・④

① 82+76　158
② 27+90　117
③ 48+96　144
④ 86+74　160

**まちがいちゅうい**

**3** 計算を しましょう。　教科書 86ページ⑥

① 85+16　101
② 53+47　100
③ 97+8　105
④ 6+95　101

**4** 計算を しましょう。　教科書 86ページ⑦・⑧

① 389+7　396
② 538+3　541
③ 813+48　861
④ 724+56　780

---

**1** 文しょうだいをテープ図にあらわすと、数のかんけいがわかりやすくなります。
それぞれのテープ図から、①はたし算、②はひき算で答えをもとめられることがわかります。

**2** ①数のちがいをあらわすテープ図です。
②テープ図から、数のちがいはひき算でもとめられることがわかります。

**3** 文しょうだいのないようをあらわす

テープ図を考えるもんだいです。
それぞれのもんだいの式と答えは、
①式　14+8=22　答え 22こ
②式　22-8=14　答え 14こ
③式　14-8=6　答え 6こ

**おうちのかたへ**

文章題をテープ図に表すことを学びます。文章を読んだだけでは数の関係がよくわからない場合でも、テープ図に表すと、数の関係がよくわかるようになります。自分でテープ図がかけるようになる力をつけることが大切です。

**ぴったり1**

**おうちのかたへ**

筆算は、まず位をたてにそろえて書くことと、くり上がった数の1を小さく書いておくことを徹底させましょう。

**ぴったり2**

**1** 百の位にくり上がりがあるたし算です。

②
1
79
+53
132

③
1
5
+98
103

**2** ③
1
48
+96
144

④
1
86
+74
160

**3** ①
1
85
+16
101

③
1
97
+8
105

**4** ②
538
+  3
541

④
1
724
+ 56
780

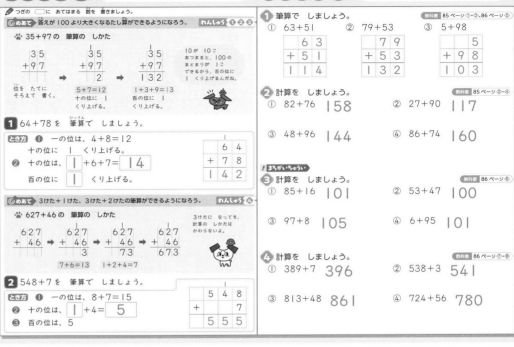

## ぴったり1（38ページ）

つぎの □ に あてはまる 数を 書きましょう。

◎めあて 百の位からくり下げるひき算ができるようになろう。　れんしゅう①②

🐾 128−56 の 筆算の しかた

$$
\begin{array}{r}128\\-\ 56\\\hline\end{array}
\ \Rightarrow\
\begin{array}{r}128\\-\ 56\\\hline\ \ 2\end{array}
\ \Rightarrow\
\begin{array}{r}1\!\!\!/28\\-\ 56\\\hline\ 72\end{array}
$$

百の位から
くり下げて
計算します。

位を たてに　　一の位の 計算　　十の位の 計算
そろえて 書く。　8−6＝2　　　12−5＝7

**1** 146−50 を 筆算で しましょう。

とき方 ❶ 一の位は、6−0＝ 6
　　　❷ 十の位は、百の位から 1 くり下げて、
　　　　14 −5＝ 9

$$
\begin{array}{r}146\\-\ 50\\\hline\ 96\end{array}
$$

◎めあて くり下がりが2回あるひき算ができるようになろう。　れんしゅう①③

🐾 153−89 の 筆算の しかた

$$
\begin{array}{r}153\\-\ 89\\\hline\end{array}
\ \Rightarrow\
\begin{array}{r}4\\15\!\!\!/3\\-\ 89\\\hline\ \ 4\end{array}
\ \Rightarrow\
\begin{array}{r}14\\\not1\not5\,3\\-\ 89\\\hline\ 64\end{array}
$$

100の まとまり
1こを、10の
まとまり 10こと
みて 計算するんだね。

位を たてに　　十の位から　　　百の位から
そろえて 書く。　1 くり下げる。　1 くり下げる。
　　　　　　　13−9＝4　　　14−8＝6

**2** 125−67 を 筆算で しましょう。

とき方 ❶ 一の位は、十の位から
　　　　1 くり下げて、15−7＝ 8
　　　❷ 十の位は、百の位から
　　　　1 くり下げて、11 −6＝ 5

$$
\begin{array}{r}125\\-\ 67\\\hline\ 58\end{array}
$$

## ぴったり2（39ページ）

**1** 筆算で しましょう。　　教科書88ページ❹、89ページ❹

① 127−84　　② 145−60　　③ 132−45

$$
\begin{array}{r}127\\-\ 84\\\hline\ 43\end{array}
\qquad
\begin{array}{r}145\\-\ 60\\\hline\ 85\end{array}
\qquad
\begin{array}{r}132\\-\ 45\\\hline\ 87\end{array}
$$

**2** 計算を しましょう。　　教科書88ページ❹

① 159−73　86　　② 138−64　74

③ 114−20　94　　④ 162−70　92

まちがいちゅうい

**3** 計算を しましょう。　　教科書89ページ❹

① 135−67　68　　② 152−85　67

③ 173−98　75　　④ 124−76　48

⑤ 140−89　51　　⑥ 180−94　86

## ぴったり1（40ページ）

つぎの □ に あてはまる 数を 書きましょう。

◎めあて 十の位が0のひき算ができるようになろう。　れんしゅう①②

🐾 103−28 の 筆算の しかた

$$
\begin{array}{r}9\\10\,1\\1\!\!\!/0\,3\\-\ \ 28\\\hline\ \ \ 5\end{array}
\ \Rightarrow\
\begin{array}{r}9\\10\,1\\\not1\not0\,3\\-\ \ 28\\\hline\ \ 75\end{array}
$$

百の位から
じゅんに
くり下げよう。

13−8＝5　　9−2＝7

**1** 102−54 を 筆算で しましょう。

とき方 ❶ 一の位は、12−4＝8
　　　❷ 十の位は、9 −5＝ 4

$$
\begin{array}{r}102\\-\ 54\\\hline\ 48\end{array}
$$

◎めあて 3つの数のたし算を、くふうして計算できるようになろう。　れんしゅう③

🐾 たし算の きまり

たし算では、たす
じゅんじょを かえても、
答えは 同じに なります。

18＋7＋3
・じゅんに たす。　・まとめて たす。
18＋7＝25　　7＋3＝10
25＋3＝28　　18＋10＝28

**2** つぎの 計算を して、答えを くらべましょう。

　あ 28＋6＋4　　　い 28＋(6＋4)

とき方 ( )の 中は、先に 計算します。

あ 28＋6＋4＝34＋4＝38
い 28＋(6＋4)＝28＋ 10 ＝ 38

どちらが
計算しやすい
かな？

あも いも 答えは 38 で、同じに なります。

## ぴったり2（41ページ）

**1** 筆算で しましょう。　　教科書90ページ❹、91ページ❹❺

① 102−38　　② 107−9　　③ 266−9

$$
\begin{array}{r}102\\-\ 38\\\hline\ 64\end{array}
\qquad
\begin{array}{r}107\\-\ \ 9\\\hline\ 98\end{array}
\qquad
\begin{array}{r}266\\-\ \ 9\\\hline\ 257\end{array}
$$

まちがいちゅうい

**2** 計算を しましょう。　　教科書90ページ❹、91ページ❹❺

① 106−87　　② 103−95　　③ 105−8
　19　　　　　　8　　　　　　97

④ 342−7　　⑤ 570−16
　335　　　　554

百の位が 大きく なっても、
計算の しかたは 同じだよ。

**3** くふうして 計算しましょう。　　教科書93ページ❸

① 39＋27＋13　79

② 47＋19＋21　87

● よくみて
③ 36＋28＋14　78

( )を つかって、
じゅんじょを
かえて
計算しよう。

---

## ぴったり1

🏠 おうちのかたへ
百の位からくり下げたり、くり下がりが
2回あるひき算の筆算の計算方法を学習
します。くり下がりが複雑になるので、
くり下げた後の数を書いておくように徹
底させましょう。

## ぴったり2

**1** くり下がりにちゅういして計算しま
しょう。

$$
①\begin{array}{r}1\\\not1\,27\\-\ 84\\\hline\ 43\end{array}
\qquad
②\begin{array}{r}1\\\not1\,45\\-\ 60\\\hline\ 85\end{array}
$$

**2** 百の位から1くり下げる計算です。

$$
①\begin{array}{r}1\\\not1\,59\\-\ 73\\\hline\ 86\end{array}
\qquad
②\begin{array}{r}1\\\not1\,38\\-\ 64\\\hline\ 74\end{array}
$$

$$
③\begin{array}{r}1\\\not1\,14\\-\ 20\\\hline\ 94\end{array}
\qquad
④\begin{array}{r}1\\\not1\,62\\-\ 70\\\hline\ 92\end{array}
$$

**3** くり下がりが2回ある計算です。

$$
④\begin{array}{r}11\\\not1\,35\\-\ 67\\\hline\ 68\end{array}
\qquad
⑤\begin{array}{r}11\\\not1\,40\\-\ 89\\\hline\ 51\end{array}
$$

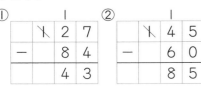

---

## ぴったり1

🏠 おうちのかたへ
必ずくり下げた数を小さくメモする習慣
をつけさせましょう。

## ぴったり2

**1**
$$
①\begin{array}{r}9\,1\\\not1\,\not0\,2\\-\ \ 38\\\hline\ \ 64\end{array}
\qquad
②\begin{array}{r}9\,1\\\not1\,\not0\,7\\-\ \ \ 9\\\hline\ \ 98\end{array}
$$

$$
③\begin{array}{r}5\,1\\2\,\not6\,6\\-\ \ \ 9\\\hline\ 257\end{array}
$$

**2**
$$
①\begin{array}{r}9\,1\\\not1\,\not0\,6\\-\ 87\\\hline\ 19\end{array}
\qquad
②\begin{array}{r}9\,1\\\not1\,\not0\,3\\-\ 95\\\hline\ \ 8\end{array}
\qquad
③\begin{array}{r}9\,1\\\not1\,\not0\,5\\-\ \ 8\\\hline\ 97\end{array}
$$

$$
④\begin{array}{r}3\,1\\34\,\not2\\-\ \ 7\\\hline\ 335\end{array}
\qquad
⑤\begin{array}{r}6\,1\\57\,\not0\\-\ 16\\\hline\ 554\end{array}
$$

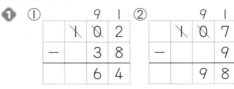

**3** たし算では、たすじゅんじょをかえ
ても、答えは同じになります。

①39＋(27＋13)＝39＋40＝79
②47＋(19＋21)＝47＋40＝87
③36＋28＋14＝(36＋14)＋28
　　　　　　　＝50＋28＝78

知識・技能 ／80点

❶ 右の 筆算の しかたを せつ明して います。
□に あてはまる 数を 書きましょう。 1つ3点(12点)

❶ 位を たてに そろえて 書く。

❷ 一の位の 計算を する。
4-1= 3

❸ 十の位の 計算を する。
3から 7は ひけないので、
百の位から 1 くり下げる。
13-7= 6

❹ 134-71= 63

```
  1 3 4
-   7 1
```

❷ 計算を しましょう。 1つ5点(30点)

① 54+84  138　　② 98+35  133

③ 67+38  105　　④ 8+94  102

⑤ 426+5  431　　⑥ 754+39  793

❸ 計算を しましょう。 1つ5点(30点)

① 128-84  44　　② 154-76  78

③ 101-19  82　　④ 107-98  9

⑤ 450-7  443　　⑥ 643-26  617

❹ くふうして 計算しましょう。 1つ4点(8点)

① 26+18+42  86　　② 17+54+13  84

思考・判断・表現 ／20点

❺ かえでさんは 105円 もって います。
89円の おかしを 買うと、のこりは 何円に
なるでしょうか。 式・答え 1つ5点(10点)

式 105-89=16

答え ( 16 円 )

できたらスゴイ!

❻ みなとさんは シールを 46まい もって います。
お兄さんから 8まい、お姉さんから 12まい もらうと、
ぜんぶで 何まいに なるでしょうか。 式・答え 1つ5点(10点)

式 46+8+12=66

答え ( 66 まい )

---

## 算数ワールド

❶ みんなで 何人 いるでしょうか。

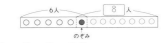

式 7+9- 1 = 15

答え 15 人

❷ みんなで 何人 いるでしょうか。

式 7+8+ 1 = 16

答え 16 人

❸ うんどう場に 子どもが ならんで います。

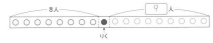

① のぞみさんは、前から 6番めで、後ろからは 8番めです。
みんなで 何人 いるでしょうか。
下の 図を かんせいさせて 答えましょう。

式 6+8-1=13

答え ( 13人 )

② 子どもが 何人か ふえました。りくさんの 前には
8人 いて、後ろには 9人に なりました。
みんなで 何人に なったでしょうか。
下の 図を かんせいさせて 答えましょう。

式 8+9+1=18

答え ( 18人 )

---

**ぴったり③**

❶ くり下がりのある筆算のしかたをか
くにんしましょう。

❷ ②
```
   1
   9 8
+  3 5
-------
 1 3 3
```
⑥
```
   1
   7 5 4
+    3 9
---------
   7 9 3
```

❸ くり下がりのあるひき算です。

②
```
   4 1
 1 5 4
-   7 6
-------
    7 8
```
⑥
```
   3 1
 6 4 3
-   2 6
-------
   6 1 7
```

❹ ①後ろの 2つを先にたします。
26+(18+42)=26+60=86

②たすじゅんばんをかえます。
54と 13を入れかえて、
17+13+54
(17+13)+54=30+54=84

❺
```
   9 1
 1̸ 0̸ 5
-   8 9
-------
    1 6
```

❻ 3つの数のたし算を 1つの式にあら
わして、計算のしかたをくふうしま
しょう。
46+(8+12)=46+20=66(まい)

❶ さとしさんの後ろには、9-1=8
(人)いることになるので、7+9か
ら1をひきます。

❷ 7人と 8人になつみさんはふくまれ
ていないので、7+8に 1をたしま
す。

❸ ①6+8では、のぞみさんを 2回数
えてしまうので、1をひきます。
②8+9では、りくさんを数えてい
ないことになってしまうので、1
をたします。

12

# 7 時こくと 時間

## ぴったり1　46ページ

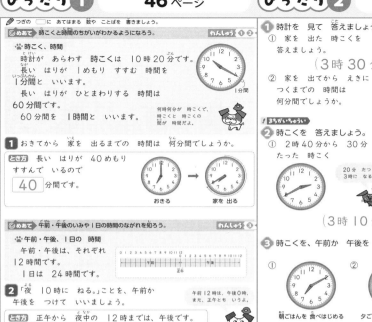

**めあて** 時こくと時間のちがいがわかるようになろう。　**れんしゅう ①②**

**時こく、時間**
時計が あらわす 時こくは 10時20分です。
長い はりが 1めもり すすむ 時間を 1分間と いいます。
長い はりが ひとまわりする 時間は 60分間です。
60分間を 1時間と いいます。

何時何分が 時こくで、時こくと 時こくの 間が 時間だよ。

1分間

**1** おきてから 家を 出るまでの 時間は 何分間でしょうか。

**とき方** 長い はりが 40めもり すすんで いるので 40 分間です。

おきる → 家を 出る

**めあて** 午前・午後のいみや 1日の時間のながれを知ろう。　**れんしゅう ③**

**午前・午後、1日の 時間**
午前・午後は、それぞれ 12時間です。
1日は 24時間です。

0 1 2 3 4 5 6 7 8 9 10 11 12 1 2 3 4 5 6 7 8 9 10 11 12
正午

**2** 「夜 10時に ねる。」ことを、午前か 午後を つけて いいましょう。

午前12時は、午前0時、また、正午とも いうよ。

**とき方** 正午から 夜中の 12時までは、午後です。
「**午後** 10時に ねる。」と いいます。

## ぴったり2　47ページ

**①** 時計を 見て 答えましょう。　教科書98ページ①
① 家を 出た 時こくを 答えましょう。
（3時 30分）
② 家を 出てから えきに つくまでの 時間は 何分間でしょうか。
（16分間）

家を出る → えきにつく

**まちがいちゅうい**
**②** 時こくを 答えましょう。　教科書99ページ①
① 2時40分から 30分 たった 時こく
20分 たつと 3時に なるね。
（3時10分）

② 8時から 2時間 たった 時こく
1時間 たつと 9時だから…。
（10時）

**③** 時こくを、午前か 午後を つけて 答えましょう。　教科書100ページ②
①  朝ごはんを 食べはじめる （午前7時10分）
②  夕ごはんを 食べはじめる （午後6時45分）
③  ねる （午後9時30分）

## ぴったり3　48～49ページ

**知識・技能**　/40点

**1** □に あてはまる 数を 書きましょう。　1つ5点(15点)
① 午前は 12 時間です。
② 午後は 12 時間です。
③ 1日は 24 時間です。

**2** よく出る 時こくを 午前か 午後を つけて 答えましょう。　1つ5点(10点)
①  登校する （午前8時10分）
②  きゅう食を 食べはじめる （午後0時15分）

**3** よく出る □に あてはまる 数を 書きましょう。　1もん5点(15点)
① 1時間＝ 60 分
② 1時間30分＝ 90 分
③ 100分＝ 1 時間 40 分

**思考・判断・表現**　/60点

**4** はるさんは 公園へ あそびに 行きました。　1つ10点(20点)
① 公園に いた 時間は 何分間でしょうか。
（35分間）

公園につく → 公園を出る

② 公園を 出た 時こくを 答えましょう。
（3時35分）

**5** 時計を 見て 答えましょう。　1つ10点(20点)
① 10時10分から 10時40分までは 何分間でしょうか。
（30分間）
② 4時55分から 10分 たった 時こくを 答えましょう。
（5時5分）

**できたらスゴイ!**
**6** かえでさんは、午前11時に 家を 出て、2時間 かけて おばさんの 家に つきました。　1つ10点(20点)
① おばさんの 家に ついた 時こくを、午前か 午後を つけて 答えましょう。
（午後1時）
② おばさんの 家を 出たのは 午後3時でした。午前11時から 午後3時までは 何時間でしょうか。
（4時間）

---

## ぴったり1

**おうちのかたへ**
2年生では、時刻と時間のちがいを理解することや、午前や午後をつけて時刻を表示できるようになることが目標です。

## ぴったり2

**①** ②3時30分から3時46分までは16めもりすすんでいるので16分間です。

**②** ①2時40分から、長いはりが30めもりすすんだ時こくをもとめます。あと20めもりで3時です。30は20と10だから、3時から10めもりすすんだ時こくで3時10分です。
②8時から、1時間たつと9時、9時から1時間たつと10時です。

**③** 夜中の12時から正午までが午前、正午から夜中の12時までが午後です。

**しあげの5分レッスン**
時計があらわす「○時」や「○時○分」が時こく、時こくと時こくの間を時間というよ。

## ぴったり3

**②** ②正午（昼の12時）は午後0時です。午後0時から15分たった時こくなので、午後0時15分になります。

**③** ②1時間（60分）と30分で90分。
③100分は、60分（1時間）と40分です。→1時間40分

**④** ①公園についてから公園を出るまでが公園にいた時間です。3時から3時35分までは、35分間です。

**⑤** ①10時40分のときのはりをかいてみましょう。長いはりは30めもりすすんでいます。

②長いはりを10めもりすすめてみましょう。4時55分から5めもりで5時、5時から5めもりすすんだ時こくは5時5分。

**⑥** ①

午前11時 → 午後0時 → 午後1時
　　　　　1時間　　　1時間
　　　　　　　2時間

②午後11時から正午までは1時間、正午から午後3時までは3時間なので、1時間と3時間で4時間になります。

**ぴったり1** 　50ページ

✐つぎの□にあてはまる数を書きましょう。

◎めあて かさのたんいLがわかるようになろう。　れんしゅう①

**🏵リットル**

かさのたんいにはリットルがあります。

1リットルを1Lと書きます。

**1** 右の水のかさは何Lでしょうか。

とき方 1Lの 4 こ分で

4 Lです。

◎めあて かさのたんいdL、mLがわかるようになろう。　れんしゅう①②③

**🏵デシリットル**

1Lを同じかさに10こに分けた1こ分のかさを1デシリットルといい、1dLと書きます。

1L＝10dL

**🏵ミリリットル**

dLより小さいかさのたんいにミリリットルがあります。

1ミリリットルを1mLと書きます。

1L＝1000mL
1dL＝100mL

**2** 右の水のかさはどれだけでしょうか。

とき方 1dLの 6 めもりで 6 dLです。

また、1dL＝100mLだから、600 mLです。

---

**ぴったり2** 　51ページ

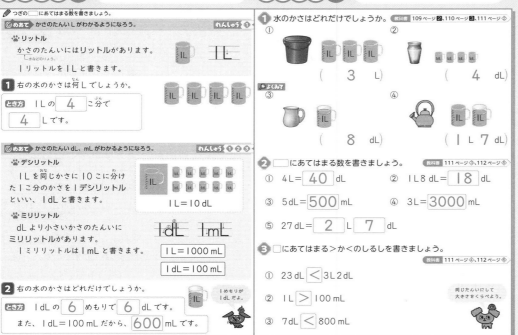

**1** 水のかさはどれだけでしょうか。　教科書109ページ❷、110ページ❸、111ページ◇

① （ 3 L）

② （ 4 dL）

③ （ 8 dL）

④ （ 1 L 7 dL）

✿ふくしゅう

**2** □にあてはまる数を書きましょう。　教科書111ページ◇、112ページ◆

① 4L＝ 40 dL

② 1L8dL＝ 18 dL

③ 5dL＝ 500 mL

④ 3L＝ 3000 mL

⑤ 27dL＝ 2 L 7 dL

**3** □にあてはまる＞か＜のしるしを書きましょう。　教科書111ページ◆、112ページ◆

① 23dL ＜ 3L2dL

② 1L ＞ 100mL

③ 7dL ＜ 800mL

同じたんいにして大きさをくらべよう。

---

**ぴったり1** 　52ページ

✐つぎの□にあてはまる数を書きましょう。

◎めあて かさの計算ができるようになろう。　れんしゅう①②

**🏵かさの計算**

かさは、たしたり、ひいたりすることができます。

2L 4dL ＋ 3L ＝ 5L 4dL
（2L＋3L＝5L）

同じたんいの数どうしを計算するよ。

**1** 水が、かんに5L3dL、バケツに3L入っています。
(1) あわせて何L何dLでしょうか。
(2) ちがいは何L何dLでしょうか。

5L3dL 　3L

とき方 (1) あわせたかさは、たし算です。

式 5L3dL＋3L＝ 8 L 3 dL
（5L＋3L）

Lどうしをたそう。

答え 8 L 3 dL

(2) かさのちがいは、ひき算です。

式 5L3dL－3L＝ 2 L 3 dL
（5L－3L）

答え 2 L 3 dL

---

**ぴったり2** 　53ページ

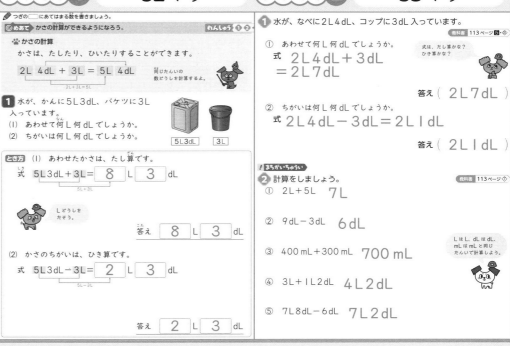

**1** 水が、なべに2L4dL、コップに3dL入っています。　教科書113ページ❺・◇

① あわせて何L何dLでしょうか。

式は、たし算かな？
ひき算かな？

式 2L4dL＋3dL
＝2L7dL

答え（ 2L7dL ）

② ちがいは何L何dLでしょうか。

式 2L4dL－3dL＝2L1dL

答え（ 2L1dL ）

⚠まちがいちゅうい

**2** 計算をしましょう。　教科書113ページ◇

① 2L＋5L 　7L

② 9dL－3dL 　6dL

③ 400mL＋300mL 　700mL

④ 3L＋1L2dL 　4L2dL

⑤ 7L8dL－6dL 　7L2dL

LはL、dLはdL、mLはmLと同じたんいで計算しよう。

---

**ぴったり1**

🏠 **おうちのかたへ**

水のかさ（容積）を表す単位を学習します。LとdLとmLのかさの関係を覚えさせてください。

**ぴったり2**

**1** 水のかさは、1Lや1dLをもとに、そのいくつ分であらわします。

**2** ①1L＝10dLだから、4L＝40dL。

②1L＝10dLだから、
1L8dL＝18dL。

③1dL＝100mLだから、
5dL＝500mL。

④1L＝1000mLだから、
3L＝3000mL。

⑤27dLは20dLと7dL、
10dL＝1Lだから、2L7dL。

**3** かさの大きさをくらべるときは、同じたんいにして、くらべましょう。

①3L2dL＝32dLだから、
23dL＜32dL

⏰ **しあげの5分レッスン**

1L＝10dL、1L＝1000mL、1dL＝100mLのかんけいをしっかりおぼえよう。

**ぴったり2**

**1** ①「あわせて」だから、式はたし算です。

同じたんいどうしの計算をします。

2L4dL＋3dL＝2L7dL

②「ちがいは」だから、式はひき算です。

同じたんいどうしの計算をします。

2L4dL－3dL＝2L1dL

**2** ④3L＋1L2dL＝4L2dL

⑤7L8dL－6dL＝7L2dL

**知識・技能**　／80点

**①** よく出る 水のかさを（ ）の中のたんいであらわしましょう。　1つ5点(15点)

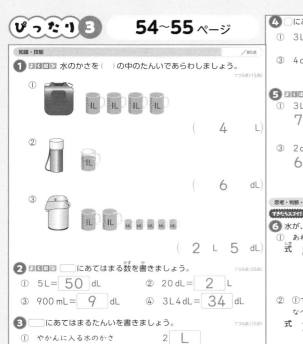

① （ 4 L ）

② （ 6 dL ）

③ （ 2 L 5 dL ）

**②** よく出る □にあてはまる数を書きましょう。　1つ5点(20点)

① 5L ＝ 50 dL　　② 20dL ＝ 2 L

③ 900mL ＝ 9 dL　　④ 3L4dL ＝ 34 dL

**③** □にあてはまるたんいを書きましょう。　1つ5点(10点)

① やかんに入る水のかさ　2 L

② ペットボトルに入る水のかさ　5 dL

**④** □にあてはまる＞か＜のしるしを書きましょう。　1つ5点(15点)

① 3L ＜ 32dL　　② 800mL ＜ 1L

③ 4dL ＞ 300mL

**⑤** よく出る 計算をしましょう。　1つ5点(20点)

① 3L＋4L
7L

② 900mL－700mL
200mL

③ 2dL＋6L4dL
6L6dL

④ 7L5dL－5L
2L5dL

**思考・判断・表現**　／20点

**できたらスゴイ!**

**⑥** 水が、水とうに8dL、コップに5dL入っています。　式・答え 1つ5点(20点)
① あわせて何L何dLでしょうか。
式　8dL＋5dL＝13dL
　　13dL＝1L3dL

答え（ 1L3dL ）

② ①であわせた水を、2L入るなべに入れました。
なべには、あと何dL入るでしょうか。
式　2L－1L3dL＝7dL

答え（ 7dL ）

---

## ⑨ 三角形と四角形

✐ つぎの□にあてはまる記号や数を書きましょう。

**めあて** 三角形、四角形はどんな形なのかりかいしよう。　れんしゅう①③

**三角形**
3本の直線でかこまれた形を、三角形といいます。

**四角形**
4本の直線でかこまれた形を、四角形といいます。

5本の直線でかこまれた形を五角形というよ。

**①** 三角形、四角形を見つけましょう。

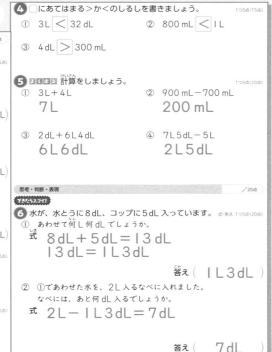

あ、おは、まがった線があるよ。

**とき方** 三角形は、3本の直線でかこまれた形だから か 、
四角形は、 4 本の直線でかこまれた形だから い です。

**めあて** 辺、ちょう点のいみをりかいしよう。　れんしゅう②

**辺、ちょう点**
三角形や四角形のまわりの直線を辺、かどの点をちょう点といいます。

**②** 四角形には、辺やちょう点がそれぞれいくつあるでしょうか。

**とき方** 右の四角形の○が辺、●がちょう点です。
辺は 4 本、
ちょう点は 4 こあります。

辺とちょう点の数は、同じだね。

**①** 三角形、四角形をすべて見つけましょう。　教科書 121ページ①

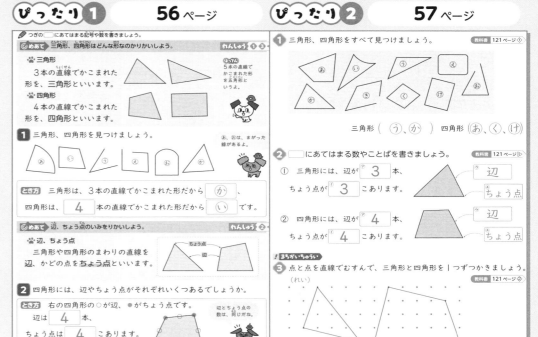

三角形 （ う、か ）　四角形 （あ、く、け）

**②** □にあてはまる数やことばを書きましょう。　教科書 121ページ⑧

① 三角形には、辺が 3 本、
ちょう点が 3 こあります。

辺
ちょう点

② 四角形には、辺が 4 本、
ちょう点が 4 こあります。

辺
ちょう点

**まちがいちゅうい**

**③** 点と点を直線でむすんで、三角形と四角形を1つずつかきましょう。　教科書 121ページ⑫

（れい）

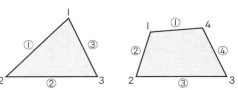

---

## ぴったり③

**①** 1Lや1dLをもとに、そのいくつ分であらわします。

**②** ①1L＝10dLだから、5L＝50dL。
②10dL＝1Lだから、20dL＝2L。
③100mL＝1dLだから、
　900mL＝9dL。
④3L4dLは、3L(30dL)と4dLだから、34dL。

**③** 1L、1dL、1mLのだいたいのかさをおぼえておきましょう。

**④** ②1L＝1000mL
　800mL＜1000mL

③4dL＝400mL
　400mL＞300mL

**⑤** 同じたんいどうしの計算をします。
③2dL＋6L4dL＝6L6dL
④7L5dL－5L＝2L5dL

**⑥** ①答えのたんいにちゅういします。
計算の答えは13dLですが、Lをつかって1L3dLとします。
②計算するときは、dLのたんいになおして、20dL－13dL＝7dLとします。

## ぴったり①

**🏠 おうちのかたへ**

平面図形の学習です。三角形や四角形がどのような形かをきちんと説明できるようになることが大切です。

## ぴったり②

**①** いやえのように、まがった線があったり、おやきのように、直線と直線の間があいている形は、三角形や四角形とはいいません。

**②** 三角形と四角形のとくちょうをおぼえましょう。三角形には、辺とちょう点が3つずつ、四角形には、辺とちょう点が4つずつあります。

三角形　　　　四角形

**③** 三角形は、3つの点を直線でむすびます。四角形は、4つの点を直線でむすびます。

# ぴったり①

◯ つぎの □ にあてはまる記号や数を書きましょう。

**めあて** 直角の形をおぼえよう。　　**れんしゅう①**

**直角**
右のようなかどの形を直角
といいます。　→　直角

**1** 直角のかどはどれでしょうか。

**とき方** 三角じょうぎの直角のかど
がぴったりかさなる [ い ] が
直角です。

三角じょうぎの
かどは直角に
なっているね。

**めあて** 長方形、正方形、直角三角形はどんな形なのかりかいしよう。　**れんしゅう②③**

**長方形**
4つのかどがみんな直角
で、むかい合っている辺
の長さが同じ四角形

直角を
あらわす
しるし

同じ長さ
同じ長さ

**正方形**
4つのかどがみんな
直角で、4つの辺の
長さがみんな同じ
四角形

同じ長さ

**直角三角形**
直角のある三角形

**2** 正方形を見つけましょう。

**とき方** 4つのかどがみんな直角で、
[ 4 ] つの辺の長さがみんな
同じ四角形は [ い ] です。

かどの形や辺の長さを
たしかめてみよう。

ますのかどは
直角だね。

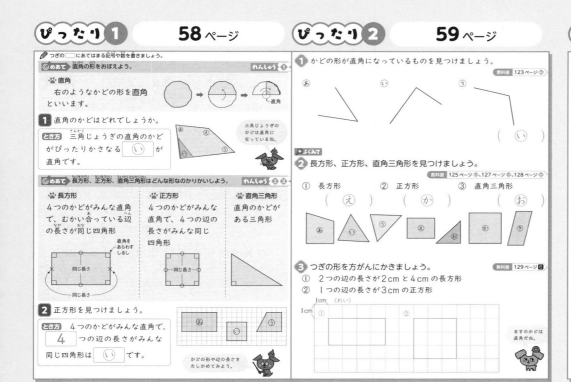

# ぴったり②

**1** かどの形が直角になっているものを見つけましょう。

あ　　い　　う

（ い ）

**▶ふくみて**

**2** 長方形、正方形、直角三角形を見つけましょう。
教科書 125ページ◆、127ページ◆、128ページ◆

① 長方形　　② 正方形　　③ 直角三角形
（ え ）　　（ か ）　　（ お ）

**3** つぎの形を方がんにかきましょう。
教科書 129ページ⑥
① 2つの辺の長さが2cmと4cmの長方形
② 1つの辺の長さが3cmの正方形

1cm（れい）
1cm

ますのかどは
直角だね。

# ぴったり③

**知識・技能**　　/60点

**1** 三角形、四角形を見つけましょう。　1つ5点(10点)

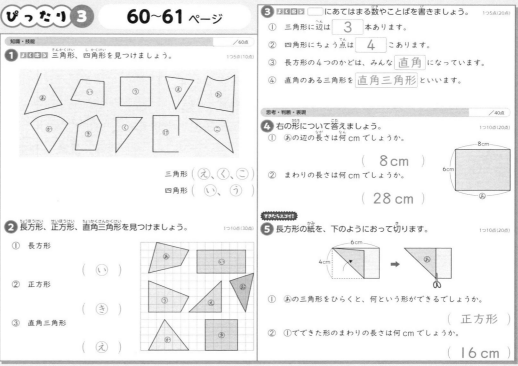

三角形（ え、く、こ ）
四角形（ い、う ）

**2** 長方形、正方形、直角三角形を見つけましょう。　1つ10点(30点)

① 長方形　　　（ い ）
② 正方形　　　（ き ）
③ 直角三角形　（ え ）

**3** □ にあてはまる数やことばを書きましょう。　1つ5点(20点)

① 三角形に辺は [ 3 ] 本あります。
② 四角形にちょう点は [ 4 ] こあります。
③ 長方形の4つのかどは、みんな [ 直角 ] になっています。
④ 直角のある三角形を [ 直角三角形 ] といいます。

**思考・判断・表現**　　/40点

**4** 右の形について答えましょう。　1つ10点(20点)
① あの辺の長さは何cmでしょうか。

（ 8cm ）

② まわりの長さは何cmでしょうか。

（ 28cm ）

8cm
6cm
あ

**できたらスゴイ!**

**5** 長方形の紙を、下のようにおって切ります。　1つ10点(20点)

6cm
4cm
あ
→

① あの三角形をひらくと、何という形ができるでしょうか。

（ 正方形 ）

② ①でできた形のまわりの長さは何cmでしょうか。

（ 16cm ）

---

# ぴったり①

**🏠 おうちのかたへ**
長方形・正方形・直角三角形の特徴を理
解し、見分けられるようにしましょう。

# ぴったり②

**1** 三角じょうぎの直角のかどをあてて
直角かどうかたしかめましょう。

い

**2** あとぎは、直角でないかどがあるの
で、長方形ではありません。

い と う には、直角のかどがないので、
直角三角形ではありません。

**3** 方がんのますは、1つの辺の長さが
1cmの正方形になっています。
①の長方形は、右のように
たてになっていてもかまい
ません。

# ぴったり③

**1** 直線がつながっていなかったり、ま
がった線のある形は、三角形とも四
角形ともいいません。

**2** 長方形と正方形は、4つのかどがみ
んな直角な四角形です。

**4** ①長方形のむかい合っている辺の長
さは同じです。

8cm
6cm　　6cm
8cm

②6cm＋8cm＋6cm＝28cm

**5** ①あの三角形をひらくと、下の図の
ような四角形アイウエができます。
おった辺だから、アイとアエの長
さは同じで4cm、ウイとウエの
長さも4cmです。4つのかどが
みんな直角で、4つの辺の長さが
みんな同じだから、正方形です。

ア　4cm　エ
4cm　　　4cm　4cm
イ　4cm　ウ

②4cm＋4cm＋4cm＋4cm＝16cm

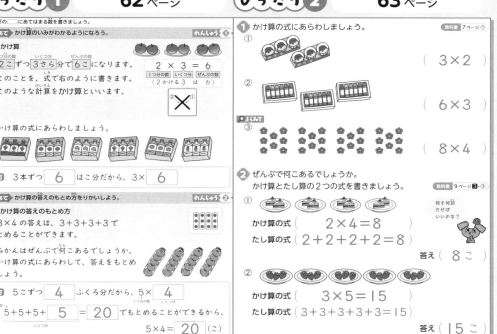

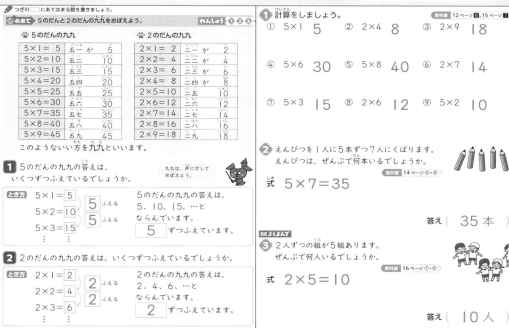

## ぴったり1

🏠 おうちのかたへ

同じ数のまとまりがいくつかあるとき、かけ算を用います。どんな場面でかけ算が使えるかをしっかり理解させてください。

## ぴったり2

① ①3この2つ分で、3 × 2
　　　　　　　　　　↑　　↑
　　　　　　　1つ分　いくつ分
　　　　　　　の数

　②6この3つ分で、6 × 3
　　　　　　　　　　↑　　↑
　　　　　　　1つ分　いくつ分
　　　　　　　の数

③8この4つ分で、8 × 4
　　　　　　　　　↑　　↑
　　　　　　1つ分　いくつ分
　　　　　　の数

② ①2この4つ分です。
　②3この5つ分です。

## ぴったり2

① 九九をつかって答えをもとめます。
　①5×1 → 五一が5
　②2×4 → 二四が8
　③2×9 → 二九18
　④5×6 → 五六30
　⑤5×8 → 五八40
　⑥2×7 → 二七14
　⑦5×3 → 五三15
　⑧2×6 → 二六12
　⑨5×2 → 五二10
答えをわすれたときは、たし算をつかってもとめることもできます。

　②2×4 → 2の4つ分
　　　　→ 2+2+2+2=8
② 5本の7人分だから、式は、
　5本の7人分=35(本)
　　↑　　↑
　1つ分　いくつ分
　の数

③ 2人の5組分だから、式は、
　2人の5組分=10(人)
　　↑　　↑
　1つ分　いくつ分
　の数

💡 しあげの5分レッスン

5のだんと2のだんの九九をあんきしよう。

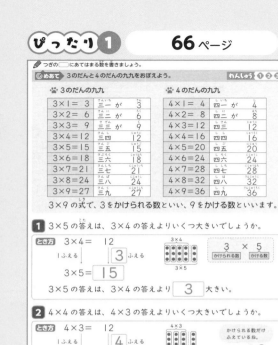
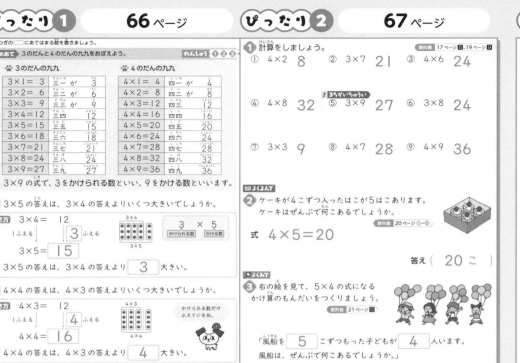
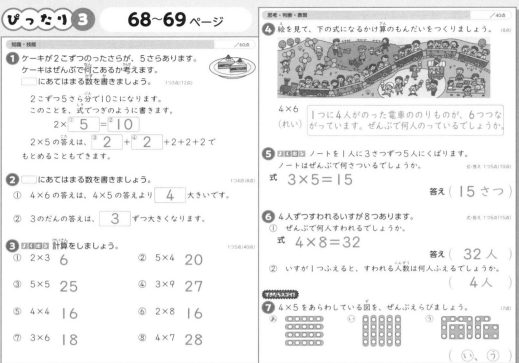

## ぴったり1　66ページ

✏ つぎの□にあてはまる数を書きましょう。

◎めあて 3のだんと4のだんの九九をおぼえよう。　れんしゅう❶❷❸

### ☺ 3のだんの九九

| | | |
|---|---|---|
| 3×1＝3 | 三一 が | 3 |
| 3×2＝6 | 三二 が | 6 |
| 3×3＝9 | 三三 が | 9 |
| 3×4＝12 | 三四 | 12 |
| 3×5＝15 | 三五 | 15 |
| 3×6＝18 | 三六 | 18 |
| 3×7＝21 | 三七 | 21 |
| 3×8＝24 | 三八 | 24 |
| 3×9＝27 | 三九 | 27 |

### ☺ 4のだんの九九

| | | |
|---|---|---|
| 4×1＝4 | 四一 が | 4 |
| 4×2＝8 | 四二 が | 8 |
| 4×3＝12 | 四三 | 12 |
| 4×4＝16 | 四四 | 16 |
| 4×5＝20 | 四五 | 20 |
| 4×6＝24 | 四六 | 24 |
| 4×7＝28 | 四七 | 28 |
| 4×8＝32 | 四八 | 32 |
| 4×9＝36 | 四九 | 36 |

3×9の式で、3をかけられる数といい、9をかける数といいます。

❶ 3×5の答えは、3×4の答えよりいくつ大きいでしょうか。

とき方　3×4＝ 12
1ふえる→ 3 ←ふえる
3×5＝ 15

3　×　5 ←かけられる数 かける数

3×5の答えは、3×4の答えより 3 大きい。

❷ 4×4の答えは、4×3の答えよりいくつ大きいでしょうか。

とき方　4×3＝ 12
1ふえる→ 4 ←ふえる
4×4＝ 16

かけられる数だけふえているね。

4×4の答えは、4×3の答えより 4 大きい。

## ぴったり2　67ページ

① 計算をしましょう。　教科書17ページ❽、19ページ❾

① 4×2 8　② 3×7 21　③ 4×6 24

④ 4×8 32　⑤ 3×9 27　⑥ 3×8 24

⑦ 3×3 9　⑧ 4×7 28　⑨ 4×9 36

！まちがいちゅうい

👁 よくよんで

② ケーキが4こずつ入ったはこが5こあります。
ケーキはぜんぶで何こあるでしょうか。　教科書20ページ❶・❸

式　4×5＝20

答え（ 20 こ ）

👀 よくみて

③ 右の絵を見て、5×4の式になる
かけ算のもんだいをつくりましょう。　教科書21ページ❿

「風船を 5 こずつもった子どもが 4 人います。
風船は、ぜんぶで何こあるでしょうか。」

## ぴったり3　68～69ページ

知識・技能　/60点

① ケーキが2こずつのったさらが、5さらあります。
ケーキはぜんぶで何こあるか考えます。
□にあてはまる数を書きましょう。　1つ3点(12点)

2こずつ5さら分で10こになります。
このことを、式でつぎのように書きます。

2×① 5 ＝② 10

2×5の答えは、③ 2 ＋④ 2 ＋2＋2＋2で
もとめることもできます。

② □にあてはまる数を書きましょう。　1つ4点(8点)

① 4×6の答えは、4×5の答えより 4 大きいです。

② 3のだんの答えは、 3 ずつ大きくなります。

③ よく出る 計算をしましょう。　1つ5点(40点)

① 2×3 6　② 5×4 20

③ 5×5 25　④ 3×9 27

⑤ 4×4 16　⑥ 2×8 16

⑦ 3×6 18　⑧ 4×7 28

思考・判断・表現　/40点

④ 絵を見て、下の式になるかけ算のもんだいをつくりましょう。　(6点)

4×6
（れい） 1つに4人がのった電車ののりものが、6つつながっています。ぜんぶで何人のっているでしょうか。

⑤ よく出る ノートを1人に3さつずつ5人にくばります。
ノートはぜんぶで何さつついるでしょうか。　式・答え1つ5点(10点)

式　3×5＝15

答え（ 15 さつ ）

⑥ 4人ずつすわれるいすが8つあります。　式・答え1つ5点(15点)

① ぜんぶで何人すわれるでしょうか。

式　4×8＝32

答え（ 32 人 ）

② いすが1つふえると、すわれる人数は何人ふえるでしょうか。

（ 4 人 ）

てきたらスゴイ！

⑦ 4×5をあらわしている図を、ぜんぶえらびましょう。　(7点)

あ　　　い　　　う

（ い、う ）

---

## ぴったり1

🏠 おうちのかたへ

九九の暗記は、九九のカードを作って、すらすらと言えるようになるまでくり返し練習させましょう。

## ぴったり2

❶ 3のだんと4のだんの九九をおぼえましょう。
①四二が8　②三七21
③四六24　④四八32
⑤三九27　⑥三八24
⑦三三が9　⑧四七28
⑨四九36

❷ 4この5はこ分だから、
4 × 5 ＝20（こ）
↑　　↑
1つ分 いくつ分
の数

❸ 5ずつが4つ分あるものを絵からさがします。「風船は、ぜんぶで何こあるでしょうか。」とあるので、風船の数にちゅうもくして、もんだいをつくりましょう。

⏰ しあげの5分レッスン

みのまわりのいろいろなものを見て、かけ算のもんだいをつくってみよう。

## ぴったり3

❶ 2×5は、2を5回たすことと同じです。

❷ 4のだんでは4ずつ、3のだんでは3ずつ答えがふえます。

❸ 2のだん、3のだん、4のだん、5のだんの九九をくりかえしれんしゅうしましょう。

❹ 4ずつ6つ分ある場面を絵からさがします。

❺ 3さつずつ5人分だから、
3 × 5 ＝15（さつ）
↑　　↑　　↑
1つ分 いくつ分 ぜんぶ
の数　　　　　の数

❻ ①4人ずつ8つ分だから、
4 × 8 ＝32（人）
↑　　↑　　↑
1つ分 いくつ分 ぜんぶ
の数　　　　　の数

②4のだんの答えは、4ずつふえます。

❼ 4×5は、4この5つ分をあらわしています。
うは、1つ分の形がちがいますが、1つ分の大きさは、どれも4こで同じなので、4×5とあらわせます。

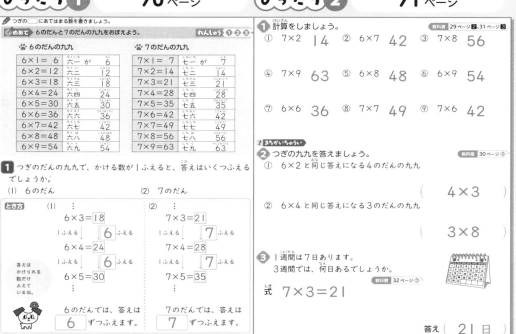

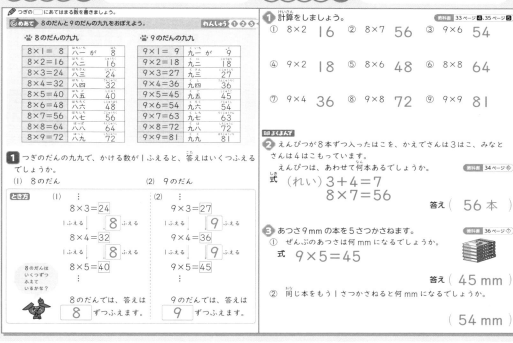

---

## ぴったり1

### 🏠 おうちのかたへ

「かける数が1ふえると、答えはかけられる数だけふえる」ことを用いて、かけ算九九の答えが求められることに気づかせましょう。

## ぴったり2

❶ 6のだん、7のだんの九九をおぼえましょう。

① 七二 14 　　② 六七 42
③ 七八 56 　　④ 七九 63
⑤ 六八 48 　　⑥ 六九 54
⑦ 六六 36 　　⑧ 七七 49
⑨ 七六 42

❷ ①6×2=12
　答えが12になる4のだんの九九は、4×3=12
　②6×4=24
　答えが24になる3のだんの九九は、3×8=24

❸ 3週間は、7日の3つ分です。

## ぴったり2

❶ 8のだん、9のだんの九九をおぼえましょう。

① 八二 16 　　② 八七 56
③ 九六 54 　　④ 九二 18
⑤ 八六 48 　　⑥ 八八 64
⑦ 九四 36 　　⑧ 九八 72
⑨ 九九 81

❷ 2人がもっているはこの数をあわせると、3+4=7（はこ）
7はこ分のえんぴつの数は、
8×7=56（本）
2人それぞれがもっているえんぴつの本数を先にもとめてもよいです。
かえでさんは、8×3=24（本）
みなとさんは、8×4=32（本）
2人あわせて、24+32=56（本）

❸ ①あつさもかけ算でもとめることができます。
②9mmふえるから、
45+9=54（mm）
または、本の数は、
5+1=6（さつ）になるから、
9×6=54（mm）

## 74ページ

▶つぎの □ にあてはまる数を書きましょう。

🎯**めあて** 1のだんの九九をおぼえよう。　　　**れんしゅう①②**

👣 **1のだんの九九**

| | |
|---|---|
| 1×1=1 | 一一 が 1 |
| 1×2=2 | 一二 が 2 |
| 1×3=3 | 一三 が 3 |
| 1×4=4 | 一四 が 4 |
| 1×5=5 | 一五 が 5 |
| 1×6=6 | 一六 が 6 |
| 1×7=7 | 一七 が 7 |
| 1×8=8 | 一八 が 8 |
| 1×9=9 | 一九 が 9 |

答えは
かける数と
同じだね。

**1** みかんを1人に1こずつくばります。
6人分では、みかんは何こいるでしょうか。

**とき方** かけ算の式を書いてもとめます。
式　1× 6 ＝ 6　　答え 6 こ

🎯**めあて** 2倍、3倍のいみやつかい方がわかるようになろう。　**れんしゅう③④**

👣 **倍** もとの長さの2つ分のことを2倍、3つ分のことを3倍といいます。1倍は、1つ分のことです。

**2** 4cmの3倍の長さは何cmでしょうか。

**とき方** 4cmの3つ分の長さです。
式　4× 3 ＝ 12
答え 12 cm

## 75ページ

**教科書37ページ⑥**
**1** 計算をしましょう。
① 1×2　2　　② 1×6　6　　③ 1×8　8
④ 1×5　5　　⑤ 1×7　7　　⑥ 1×4　4

**2** えんぴつを1本ずつ9人にくばります。
えんぴつは何本いるでしょうか。　**教科書37ページ⑥**
式　1×9＝9
答え（　9本　）

●ふくしゅう
**3** 3cmの4倍の長さになるように、色をぬりましょう。
また、3cmの4倍の長さを、かけ算でもとめましょう。　**教科書39ページ◆**

式　3×4＝12
答え（　12cm　）

**4** 何この何倍でしょうか。
また、何こあるでしょうか。　**教科書39ページ◆**

（　2　）この（　5　）倍
ぜんぶの数（10こ）

## 76ページ

▶つぎの □ にあてはまる数を書きましょう。

🎯**めあて** みのまわりの場面を、かけ算をつかって考えられるようになろう。　**れんしゅう①②**

**1** ゼリーが、1れつに3こずつ、5れつ分入っています。7こ食べると、のこりは何こになるでしょうか。

**とき方** ゼリーがぜんぶで何こあるかをかけ算でもとめます。

3 × 5 ＝ 15

かけ算とひき算をつかって、答えをもとめるんだね。

ゼリーの数から食べる数をひきます。

15 － 7 ＝ 8
答え 8 こ

🎯**めあて** かけ算をつかって、くふうしてもとめられるようになろう。　**れんしゅう③**

右の図のような●の数も、分けたり、いどうしたりして、同じ数のまとまりをつくると、かけ算をつかって計算することができます。

**2** 上の図の●の数をくふうしてもとめましょう。

**とき方** (1)　2つのまとまりに分けます。
4× 3 ＝ 12　　2×3 ＝ 6
12 ＋ 6 ＝ 18

(2)　全体の数から、あいている数をひきます。
4×6 ＝ 24　　2×3 ＝ 6
24 － 6 ＝ 18

(3)　6こずつの同じ数のまとまりで分けます。
6× 3 ＝ 18

## 77ページ

**1** みなとさんの学級には、4人のはんが6つと、5人のはんが2つあります。
学級の人数は、ぜんぶで何人でしょうか。　**教科書40ページ⑨**

式　4×6＝24
　　5×2＝10
　　24＋10＝34
答え（　34人　）

🔷よくよんで
**2** 1つの辺の長さが6cmの、正方形のおり紙があります。　**教科書40ページ⑨**

おりがみ

① まわりの長さは、1つの辺の長さの何倍でしょうか。
（　4倍　）

② この正方形のまわりの長さは何cmでしょうか。
式　6×4＝24
答え（　24cm　）

正方形はどんな四角形だったかな？

●ふくしゅう
**3** ●の数を、くふうしてもとめましょう。　**教科書43ページ◆**

①
式（れい）3×5＝15
答え（　15こ　）

②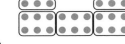
式（れい）3×9＝27
　　27－3＝24
答え（　24こ　）

---

## ぴったり①

🏠**おうちのかたへ**
3個の4倍も、3×4＝12というように、かけ算で答えをもとめられることを理解させてください。

## ぴったり②

**❶** 1のだんの九九の答えは、かける数と同じになります。1のだんの九九をおぼえましょう。
①一二が2　　②一六が6
③一八が8　　④一五が5
⑤一七が7　　⑥一四が4

**❷** 1つ分の数が1で、いくつ分の数が9のかけ算になります。かけ算の式にちゅういしましょう。

**❸** 3cmの4つ分を、3cmの4倍といいます。
3 × 4 ＝ 12（cm）
↑1つ分の数　↑倍　↑ぜんぶの数

**❹** 2この5倍の数をもとめるときは、かけ算をつかいます。
2 × 5 ＝ 10（こ）
↑1つ分の数　↑倍　↑ぜんぶの数

## ぴったり①

🏠**おうちのかたへ**
身のまわりの場面を、かけ算とたし算・ひき算を使って考えられるようにしましょう。

## ぴったり②

**❶** かけ算とたし算をつかって、学級の人数をもとめます。

**❷** ①まわりの長さは、1つの辺の長さの4倍の長さになります。
②正方形の1つの辺の長さは6cmだから、6 × 4 ＝ 24（cm）
↑1辺の長さ　↑倍　↑まわりの長さ

**❸** いろいろな考え方があります。
①（れい）

5×3＝15（こ）
②（れい1）

3×8＝24（こ）
（れい2）

3×2＝6
6×3＝18
6＋18＝24（こ）

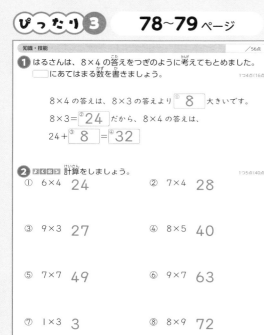

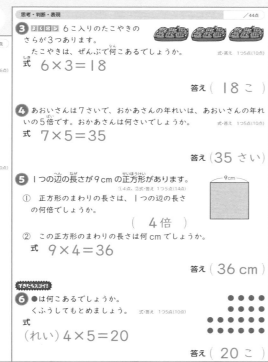

## ぴったり③　78〜79ページ

### 知識・技能　/56点

**1** はるさんは、8×4の答えをつぎのように考えてもとめました。
□にあてはまる数を書きましょう。　1つ4点(16点)

8×4の答えは、8×3の答えより① **8** 大きいです。
8×3=② **24** だから、8×4の答えは、
24+③ **8** =④ **32**

**2** 【よく出る】計算をしましょう。　1つ5点(40点)
① 6×4　**24**　② 7×4　**28**
③ 9×3　**27**　④ 8×5　**40**
⑤ 7×7　**49**　⑥ 9×7　**63**
⑦ 1×3　**3**　⑧ 8×9　**72**

### 思考・判断・表現　/44点

**3** 【よく出る】6こ入りのたこやきのさらが3つあります。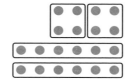
たこやきは、ぜんぶで何こあるでしょうか。　式・答え 1つ5点(10点)
式　6×3=18

答え（ **18こ** ）

**4** あおいさんは7さいで、おかあさんの年れいは、あおいさんの年れいの5倍です。おかあさんは何さいでしょうか。　式・答え 1つ5点(10点)
式　7×5=35

答え（35さい）

**5** 1つの辺の長さが9cmの正方形があります。　①4点、②式・答え 1つ5点(14点)

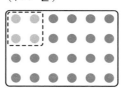
9cm

① 正方形のまわりの長さは、1つの辺の長さの何倍でしょうか。

（ **4倍** ）

② この正方形のまわりの長さは何cmでしょうか。
式　9×4=36

答え（ 36cm ）

**できたらスゴイ！**
**6** ●は何こあるでしょうか。
くふうしてもとめましょう。　式・答え 1つ5点(10点)
式
（れい）4×5=20

答え（ 20こ ）

**6** いろいろくふうしてもとめてみましょう。
（れい1）

4×2＝8
6×2＝12
8＋12＝20（こ）
（れい2）

4×6＝24
24−4＝20（こ）

## ぴったり③

**1** 8のだんの答えが8ずつふえていることをつかって、8×4の答えを考えましょう。

**2** 6のだん、7のだん、8のだん、9のだん、1のだんの九九をくりかえししれんしゅうしましょう。
①六四 24
②七四 28
③九三 27
④八五 40
⑤七七 49
⑥九七 63
⑦一三が3
⑧八九 72

**3** 1つ分の数は6、いくつ分は3になります。

**4** 7さいの5倍は、7さいの5つ分のことです。

**5** ①正方形は4つの辺の長さがみんな同じなので、まわりの長さは1つの辺の長さの4倍になります。
②正方形の1つの辺の長さは9cmなので、その4倍の長さをかけ算でもとめます。

**21**

## ⑫ 長いものの長さ

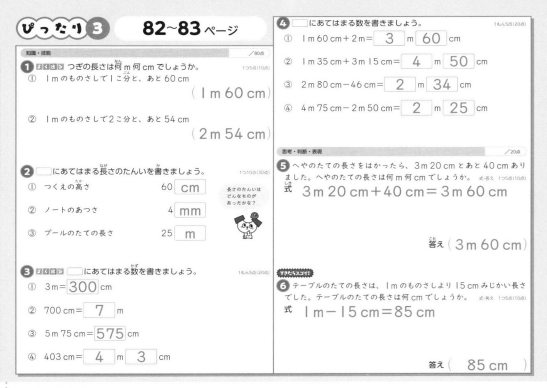

**ぴったり1** 　80 ページ

つぎの ◯ にあてはまる数を書きましょう。

**めあて** 長さのたんい m がわかるようになろう。　れんしゅう ❶ ❷

**❀ メートル**
100 cm を 1メートルといい、
1m と書きます。　1m=100cm　1m

**1** 130 cm は何 m 何 cm でしょうか。

**とき方** 130 cm は、100 cm と 30 cm。
100 cm が 1 m だから、130 cm は 1 m 30 cm

**めあて** 長さの計算ができるようになろう。　れんしゅう ❸ ❹

**❀ 長さの計算**
長さの計算をするときは、m どうし、
cm どうしの数をたしたり、ひいたりします。　1m+1m=2m　20cm+40cm=60cm　だね。

1m 20 cm + 1m 40 cm = 2m 60 cm
20cm+40cm

**2** ゆうきさんのせの高さは 1m 20 cm です。
30 cm の台にのると、ゆかからの高さは、
何 m 何 cm になるでしょうか。

**とき方** せの高さと台の高さをあわせた高さだから、
たし算でもとめられます。
式 1m 20 cm + 30 cm
= 1 m 50 cm
答え 1 m 50 cm

1m20cm　30cm

---

**ぴったり2** 　81 ページ

**1** テーブルのよこの長さをはかったら、1m のものさしで、2 こ分と、
あと 20 cm ありました。
テーブルのよこの長さは何 m 何 cm でしょうか。
また、何 cm でしょうか。　教科書 51 ページ ◆

( 2 m 20 cm)　( 220 cm)

**2** ◯ にあてはまる数を書きましょう。　教科書 51 ページ ④
① 300 cm = 3 m
② 580 cm = 5 m 80 cm
**まちがいちゅうい**
③ 4 m 27 cm = 427 cm　④ 9 m 2 cm = 902 cm

**3** ◯ にあてはまる数を書きましょう。　教科書 52 ページ ◆
① 1 m 40 cm + 30 cm = 1 m 70 cm
② 3 m 80 cm - 70 cm = 3 m 10 cm

**目 よくよんで**
**4** 長さが 1 m 90 cm のリボンを 65 cm つかいました。
のこりは何 m 何 cm でしょうか。　教科書 52 ページ ▷
式 1 m 90 cm - 65 cm = 1 m 25 cm

答え ( 1 m 25 cm)

---

**ぴったり3** 　82〜83 ページ

**知識・技能** 　/80点

**1** よく出る つぎの長さは何 m 何 cm でしょうか。　1つ5点(10点)
① 1 m のものさしで 1 こ分と、あと 60 cm

( 1 m 60 cm)

② 1 m のものさしで 2 こ分と、あと 54 cm

( 2 m 54 cm)

**2** ◯ にあてはまる長さのたんいを書きましょう。　1つ10点(30点)
① つくえの高さ　60 cm
② ノートのあつさ　4 mm
③ プールのたての長さ　25 m

長さのたんいはどんなものがあったかな？

**3** よく出る ◯ にあてはまる数を書きましょう。　1もん5点(20点)
① 3 m = 300 cm
② 700 cm = 7 m
③ 5 m 75 cm = 575 cm
④ 403 cm = 4 m 3 cm

**4** ◯ にあてはまる数を書きましょう。　1もん5点(20点)
① 1 m 60 cm + 2 m = 3 m 60 cm
② 1 m 35 cm + 3 m 15 cm = 4 m 50 cm
③ 2 m 80 cm - 46 cm = 2 m 34 cm
④ 4 m 75 cm - 2 m 50 cm = 2 m 25 cm

**思考・判断・表現** 　/20点

**5** へやのたての長さをはかったら、3 m 20 cm とあと 40 cm あり
ました。へやのたての長さは何 m 何 cm でしょうか。　式・答え 1つ5点(10点)
式 3 m 20 cm + 40 cm = 3 m 60 cm

答え ( 3 m 60 cm)

**できたらスゴイ！**
**6** テーブルのたての長さは、1 m のものさしより 15 cm みじかい長さ
でした。テーブルのたての長さは何 cm でしょうか。　式・答え 1つ5点(10点)
式 1 m - 15 cm = 85 cm

答え ( 85 cm)

---

**ぴったり1**

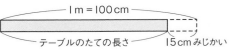

**🏠 おうちのかたへ**
m の単位を学んだところで、長さの単位の関係をしっかりおぼえさせましょう。
1m=100cm　　1cm=10mm

**ぴったり2**

**❶** 1m が 2 こ分で 2m、2m と 20 cm
で 2m 20 cm。1m=100cm だか
ら、2m=200cm。2m 20 cm は、
200 cm と 20 cm で 220 cm。

**❷** ②580 cm は、500 cm と 80 cm。
500 cm=5m なので、
5m と 80 cm で 5m 80 cm。

③4m=400 cm なので、
400 cm と 27 cm で 427 cm。
④9m=900 cm なので、
900 cm と 2 cm で 902 cm。

**❸** 同じたんいどうしの計算をします。
①1m 40 cm + 30 cm = 1m 70 cm
②3m 80 cm - 70 cm = 3m 10 cm

**❹** のこりの長さをもとめるので、ひき
算をつかいます。
1m 90 cm - 65 cm = 1m 25 cm

**ぴったり3**

**❶** ①1m と 60 cm で 1m 60 cm。
②1m が 2 こ分で 2m。
2m と 54 cm で 2m 54 cm。

**❷** だいたいの長さを考えて、あてはま
るたんいをえらびましょう。

**❸** ②100 cm=1m だから、
700 cm=7m。
③5m=500 cm だから、
500 cm と 75 cm で 575 cm。
④403 cm は、400 cm と 3 cm。
400 cm=4m だから、
4m と 3 cm で 4m 3 cm。

**❹** ①1m 60 cm + 2m = 3m 60 cm
②1m 35 cm + 3m 15 cm = 4m 50 cm
③2m 80 cm - 46 cm = 2m 34 cm
④4m 75 cm - 2m 50 cm = 2m 25 cm

**❺** 3m 20 cm + 40 cm = 3m 60 cm

**❻** 1m=100 cm だから、
100 cm - 15 cm = 85 cm

1m=100cm
テーブルのたての長さ　15cm みじかい

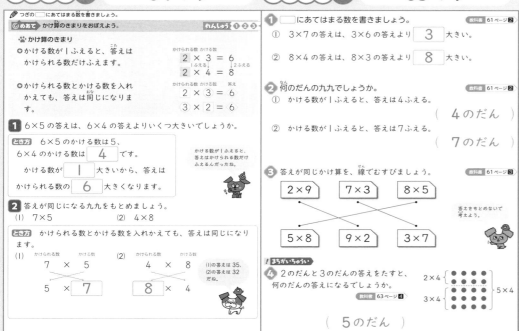

## ぴったり1　84ページ

つぎの □ にあてはまる数を書きましょう。

**めあて** かけ算のきまりをおぼえよう。　**れんしゅう ①②③**

**かけ算のきまり**

● かける数が１ふえると、答えは
かけられる数だけふえます。

かけられる数 かける数
$2 \times 3 = 6$
$2 \times 4 = 8$

● かけられる数とかける数を入れ
かえても、答えは同じになりま
す。

かけられる数 かける数 答え
$2 \times 3 = 6$
$3 \times 2 = 6$

**１** ６×５の答えは、６×４の答えよりいくつ大きいでしょうか。

**とき方** ６×５のかける数は５、
６×４のかける数は ［4］ です。

かける数が ［1］ 大きいから、答えは
かけられる数の ［6］ 大きくなります。

かける数が１ふえると、答えはかけられる数だけふえるんだね。

**２** 答えが同じになる九九をもとめましょう。
(1)　７×５　　　(2)　４×８

**とき方** かけられる数とかける数を入れかえても、答えは同じになります。

(1) かけられる数 かける数
７ × ５
５ × ［7］

(2) かけられる数 かける数
４ × ８
［8］ × ４

(1)の答えは35、
(2)の答えは32
だね。

## ぴったり2　85ページ

**①** □ にあてはまる数を書きましょう。　教科書61ページ②

① ３×７の答えは、３×６の答えより ［3］ 大きい。

② ８×４の答えは、８×３の答えより ［8］ 大きい。

**②** 何のだんの九九でしょうか。　教科書61ページ②

① かける数が１ふえると、答えが４ふえる。
（ ４のだん ）

② かける数が１ふえると、答えが７ふえる。
（ ７のだん ）

**③** 答えが同じかけ算を、線でむすびましょう。　教科書61ページ③

| ２×９ | ７×３ | ８×５ |

| ５×８ | ９×２ | ３×７ |

答えをもとめないで考えよう。

**まちがいちゅうい**

**④** ２のだんと３のだんの答えをたすと、何のだんの答えになるでしょうか。　教科書63ページ④

$2 \times 4$
$3 \times 4$ ┐ $5 \times 4$

（ ５のだん ）

## ぴったり1　86ページ

つぎの □ にあてはまる数を書きましょう。

**めあて** 九九のきまりをつかって、九九の表を広げてみよう。　**れんしゅう ①②③**

**● 大きな数のかけ算**

かけ算のきまりをつかうと、大きな数のかけ算の答えももとめることができます。

**１** ３×10の答えをもとめましょう。

**とき方** かけ算のきまりをつかって考えます。

**考え方１** ３×10の答えは、３×９の答えより ［3］ 大きい。

$3 \times 9 = 27$
$3 \times 10 = ［30］$

**考え方２** ３×10の答えは、10× ［3］ の答えと同じ。
10×3は、10が3こ分だから、
$10+10+10 = ［30］$
$3 \times 10 = ［30］$

どちらの考え方で計算してもいいよ。

**２** 11×３の答えをもとめましょう。

**とき方** 11×３の答えは、３×11の答えと同じ。
３×11の答えは、３×10の答えより ［3］ 大きい。

$3 \times 10 = 30$
$3 \times 11 = ［33］$ → $11 \times 3 = ［33］$

11が3こ分の考え方でも計算してみよう。

## ぴったり2　87ページ

**①** くふうして答えをもとめましょう。
① ５×９ 45　　② ５×10 50
③ ５×11 55　　④ ５×12 60

**②** くふうして答えをもとめましょう。　教科書64ページ
① ９×５ 45　　② 10×５ 50
③ 11×５ 55　　④ 12×５ 60

**● よくみて**

**③** 下の九九の表の⑤から⑥にあてはまる数を答えましょう。　教科書65ページ

| | | | | | | かける数 | | | | | | | |
|---|---|---|---|---|---|---|---|---|---|---|---|---|---|
| | | 1 | 2 | 3 | 4 | 5 | 6 | 7 | 8 | 9 | 10 | 11 | 12 |
| | 1 | 1 | 2 | 3 | 4 | 5 | 6 | 7 | 8 | 9 | | | |
| | 2 | 2 | 4 | 6 | 8 | 10 | 12 | 14 | 16 | 18 | | | |
| | 3 | 3 | 6 | 9 | 12 | 15 | 18 | 21 | 24 | 27 | | | |
| | 4 | 4 | 8 | 12 | 16 | 20 | 24 | 28 | 32 | 36 | | | |
| か | 5 | 5 | 10 | 15 | 20 | 25 | 30 | 35 | 40 | 45 | | | |
| け | 6 | 6 | 12 | 18 | 24 | 30 | 36 | 42 | 48 | 54 | | | |
| ら | 7 | 7 | 14 | 21 | 28 | 35 | 42 | 49 | 56 | 63 | | | ⓘ |
| れ | 8 | 8 | 16 | 24 | 32 | 40 | 48 | 56 | 64 | 72 | | | |
| る | 9 | 9 | 18 | 27 | 36 | 45 | 54 | 63 | 72 | 81 | | | |
| 数 | 10 | | | | | | | | | | | | |
| | 11 | | | | ⑤ | | | | | | | | |
| | 12 | | | | | | | | | | | | |

⑤（ 40 ）
ⓘ（ 84 ）
ⓤ（ 66 ）
ⓔ（ 96 ）

---

### ぴったり1

**🏠 おうちのかたへ**

かけ算のきまりは、九九より大きなかけ算を学ぶ上でとても大切です。
しっかりおぼえさせてください。

### ぴったり2

**①** かけ算では、かける数が１ふえると、答えはかけられる数だけふえます。

**②** 「かける数が１ふえると、答えはかけられる数だけふえる」というかけ算のきまりをつかって考えましょう。
① 答えは４ふえる→かけられる数は４（４のだん）

② 答えは７ふえる→かけられる数は７（７のだん）

**③** かけ算では、かけられる数とかける数を入れかえても、答えは同じになります。

**④** ２のだんと３のだんの答えをたすと、（２＋３＝）５のだんの答えになります。

| | 1 | 2 | 3 | 4 | 5 |
|---|---|---|---|---|---|
| 2 | 2 | 4 | 6 | 8 | 10 |
| 3 | 3 | 6 | 9 | 12 | 15 |
| 5 | 5 | 10 | 15 | 20 | 25 |

### ぴったり1

**🏠 おうちのかたへ**

かける数が10より大きいかけ算の答えの求め方を考えます。かけ算九九のきまりを使って、いろいろな方法で求められるようにしましょう。

### ぴったり2

**①** ５のだんの答えは、かける数が１ふえると、５ずつふえます。

**②** かけ算では、かけられる数とかける数を入れかえても、答えは同じです。また、たし算でもとめることもできます。

**③** ⓘ ７×９＝63の63より、
７＋７＋７＝21大きい数なので、
63＋21＝84

ⓤ 11×６と６×11は答えが同じです。
６×９＝54の54より６＋６＝12
大きい数なので、54＋12＝66
また、11×６は11が６こ分なので、
11＋11＋11＋11＋11＋11＝66

**⏱ しあげの5分レッスン**

かけ算のきまりをじょうずにつかって、大きい数のかけ算の答えをもとめよう。

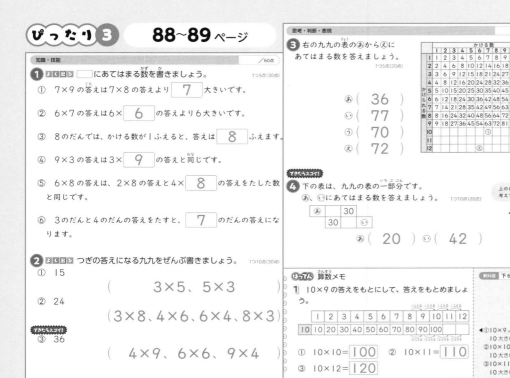

**ぴったり3** 　88〜89ページ

知識・技能　　/60点

① よく出る　□にあてはまる数を書きましょう。　1つ5点(30点)

① 7×9の答えは7×8の答えより　**7**　大きいです。

② 6×7の答えは6×　**6**　の答えより6大きいです。

③ 8のだんでは、かける数が1ふえると、答えは　**8**　ふえます。

④ 9×3の答えは3×　**9**　の答えと同じです。

⑤ 6×8の答えは、2×8の答えと4×　**8**　の答えをたした数と同じです。

⑥ 3のだんと4のだんの答えをたすと、　**7**　のだんの答えになります。

② よく出る　つぎの答えになる九九をぜんぶ書きましょう。　1つ10点(30点)

① 15
（　3×5、5×3　）

② 24
（　3×8、4×6、6×4、8×3　）

できたらスゴイ！
③ 36
（　4×9、6×6、9×4　）

---

思考・判断・表現　　/40点

③ 右の九九の表のあからえにあてはまる数を答えましょう。
1つ5点(20点)

| | | かける数 | | | | | | | | | | |
|---|---|---|---|---|---|---|---|---|---|---|---|---|
| | 1 | 2 | 3 | 4 | 5 | 6 | 7 | 8 | 9 | 10 | 11 | 12 |
| 1 | 1 | 2 | 3 | 4 | 5 | 6 | 7 | 8 | 9 | | | |
| 2 | 2 | 4 | 6 | 8 | 10 | 12 | 14 | 16 | 18 | | | |
| 3 | 3 | 6 | 9 | 12 | 15 | 18 | 21 | 24 | 27 | | | |
| 4 | 4 | 8 | 12 | 16 | 20 | 24 | 28 | 32 | 36 | | | |
| 5 | 5 | 10 | 15 | 20 | 25 | 30 | 35 | 40 | 45 | | | |
| 6 | 6 | 12 | 18 | 24 | 30 | 36 | 42 | 48 | 54 | | | |
| 7 | 7 | 14 | 21 | 28 | 35 | 42 | 49 | 56 | 63 | | | |
| 8 | 8 | 16 | 24 | 32 | 40 | 48 | 56 | 64 | 72 | | | |
| 9 | 9 | 18 | 27 | 36 | 45 | 54 | 63 | 72 | 81 | | | |
| 10 | | | | | | | | | | | | |
| 11 | | | | | | | | | | | | |
| 12 | | | | | | | | | | | | |

あ（　36　）
い（　77　）
う（　70　）
え（　72　）

できたらスゴイ！

④ 下の表は、九九の表の一部分です。
あ、いにあてはまる数を答えましょう。　1つ10点(20点)

| | 30 |
|---|---|
| 30 | |

あ（　20　）　い（　42　）

上の表を見て考えてみよう。

はってん　算数メモ　　教科書 下65ページ

① 10×9の答えをもとにして、答えをもとめましょう。

| 1 | 2 | 3 | 4 | 5 | 6 | 7 | 8 | 9 | 10 | 11 | 12 |
|---|---|---|---|---|---|---|---|---|---|---|---|
| 10 | 10 | 20 | 30 | 40 | 50 | 60 | 70 | 80 | 90 | 100 | |

① 10×10＝**100**　② 10×11＝**110**
③ 10×12＝**120**

◀①10×9より10大きい。
②10×10より10大きい。
③10×11より10大きい。

---

24

---

**ぴったり3**

① ①かける数が8から9へ1ふえると、答えは、かけられる数の7ふえます。

②答えがかけられる数だけふえているから、かける数が1ふえています。

③かけ算では、かける数が1ふえると、答えはかけられる数だけふえます。

④かけ算では、かけられる数とかける数を入れかえても、答えは同じになります。

⑤6のだんの答えは、2のだんと、4のだんの答えをたした数になります。

⑥3のだんと4のだんの答えをたすと、（3+4=）7のだんの答えになります。

② 九九を1つ見つけたら、かけられる数とかける数を入れかえて、もう1つ見つけることができます。

③6×6をわすれないようにしましょう。

③ あ3×9＝27の27より、
3+3+3＝9大きい数なので、
27+9＝36

い7×9＝63の63より、
7+7＝14大きい数なので、
63+14＝77

う10×7と7×10は答えが同じです。
7×9＝63の63より、7大きい数なので、63+7＝70
また、10×7は10が7こ分なので、
10+10+10+10+10+10+10＝70

え12×6と6×12は答えが同じです。
6×9＝54の54より、
6+6+6＝18大きい数なので、
54+18＝72
また、12×6の答えは、4×6と8×6の答えをたしたものと考えて、
24 ＋ 48 ＝ 72
4×6　8×6
ともとめることもできます。

④ 九九の表から30のならび方にちゅうもくして、数をあてはめます。

**はってん**

① 10×9＝90をもとにして考えます。

10× 9 ＝ 90
1ふえる↓　　10ふえる↓
① 10×10＝100
1ふえる↓　　10ふえる↓
② 10×11＝110
1ふえる↓　　10ふえる↓
③ 10×12＝120

## ぴったり１　90ページ

✏️ つぎの□にあてはまることばや数を書きましょう。

**めあて** はこの形の面のいみや面の数がわかるようになろう。 れんしゅう❶❷

🔹 **面**
　はこの形のたいらなところを、面といいます。

**１** 右のはこの形には、どんな形の面がいくつあるでしょうか。

**とき方** ぜんぶの面をうつしとってみると、右のようになります。

同じ長方形が２つずつあるね。

面の形　長方形
面の数　6

**めあて** はこの形の辺やちょう点のいみ、辺やちょう点の数がわかるようになろう。 れんしゅう❶❷❸

🔹 **辺、ちょう点**
　面と面の間の直線を、辺といいます。
　３つの辺があつまったところを、ちょう点といいます。

**２** はこの形には、辺、ちょう点がいくつあるでしょうか。

**とき方** 右の○のところが辺、●のところがちょう点です。

辺の数　12
ちょう点の数　8

## ぴったり２　91ページ

**１** □にあてはまることばを書きましょう。 数14書 67ページ❶、70ページ❸

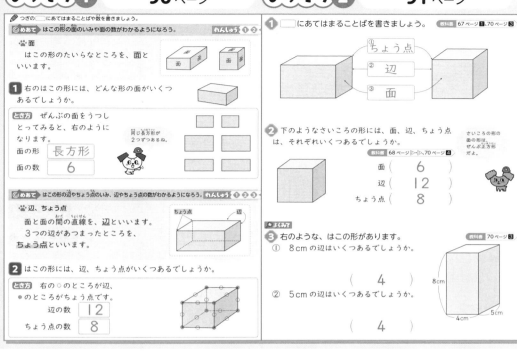

① ちょう点
② 辺
③ 面

**２** 下のようなさいころの形には、面、辺、ちょう点は、それぞれいくつあるでしょうか。 教科書 68ページ❷・❸、70ページ❹

さいころの形の面の形は、ぜんぶ正方形だよ。

面 ( 6 )
辺 ( 12 )
ちょう点 ( 8 )

🔹**よくみて**

**３** 右のような、はこの形があります。 教科書 70ページ❸
① 8cm の辺はいくつあるでしょうか。
( 4 )
② 5cm の辺はいくつあるでしょうか。
( 4 )

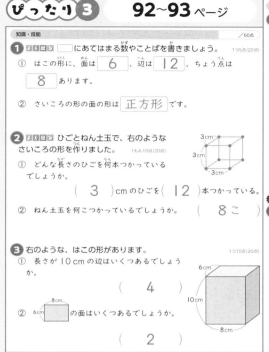

## ぴったり３　92〜93ページ

**知識・技能** /60点

**１** **よく出る** □にあてはまる数やことばを書きましょう。 1つ5点(20点)
① はこの形に、面は 6 、辺は 12 、ちょう点は 8 あります。
② さいころの形の面の形は 正方形 です。

**２** **よく出る** ひごとねん土玉で、右のようなさいころの形を作りました。 1もん10点(20点)
① どんな長さのひごを何本つかっているでしょうか。
( 3 )cmのひごを( 12 )本つかっている。
② ねん土玉を何こつかっているでしょうか。
( 8 こ )

**３** 右のような、はこの形があります。 1つ10点(20点)
① 長さが 10cm の辺はいくつあるでしょうか。
( 4 )
② 6cm □ の面はいくつあるでしょうか。
( 2 )

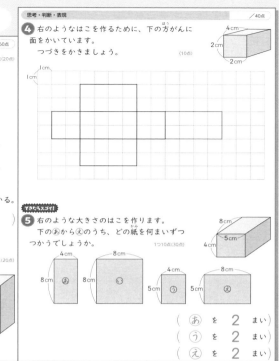

**思考・判断・表現** /40点

**４** 右のようなはこを作るために、下の方がんに面をかいています。つづきをかきましょう。 (10点)

4cm 2cm

🔹**できたらスゴイ！**

**５** 右のような大きさのはこを作ります。下の⑤から⑤のうち、どの紙を何まいずつつかうでしょうか。 1つ10点(30点)

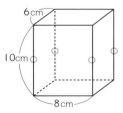

8cm 5cm 4cm

4cm 8cm 4cm 8cm
8cm ⑤ 8cm ⑤ 5cm ⑤ 5cm ⑤

( ⑤ )を 2 まい
( ⑤ )を 2 まい
( ⑤ )を 2 まい

---

## ぴったり１

🏠 **おうちのかたへ**
箱の形（直方体）やさいころの形（立方体）のような立体図形を学習します。面の形や数、辺やちょう点の数に着目して、その特徴を理解させましょう。

## ぴったり２

❶ はこの形の、かどのところをちょう点、直線のところを辺、たいらなところを面といいます。
　さいころの形も同じです。

❷ はこの形も、さいころの形も、面は6、辺は12、ちょう点は8あります。

❸ 見えない辺を--------でかきこむと、下の図のようになります。
　8cmの辺（○のしるしの辺）が4、
　5cmの辺（×のしるしの辺）が4、
　4cmの辺（△のしるしの辺）が4あります。

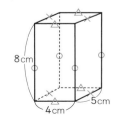

8cm 4cm 5cm

## ぴったり３

❶ ②さいころの形の面は、6つとも正方形になっています。

❷ ①さいころの形に辺は12あるので、同じ長さ（3cm）のひごが12本いります。
　②さいころの形にちょう点は8あるので、ねん土玉は8こつかいます。

❸ 見えない辺を--------でかきこむと、つぎの図のようになります。
　①○のしるしをつけた辺で、4あります。

6cm 10cm 8cm

②同じ形の長方形の面が2つずつあります。

❹ たて2cm、よこ4cmの長方形の面を1つかきたします。

❺ もんだいのはこの形には、同じ形の面が2つずつあります。もんだいのはこに、正方形の面はありません。

## ぴったり1　94ページ

つぎの□にあてはまる数を書きましょう。

**めあて** 1000 より大きい数があらわせるようになろう。　**れんしゅう❶❷❸**

**❀ 1000 より大きい数**

1000 を 3 こと 426 をあわせた数を 3426 と書き、
三千四百二十六 とよみます。

3426 の 3 は千の位の数字で、3000 をあらわします。

| 千の位 | 百の位 | 十の位 | 一の位 |
|---|---|---|---|
| ⦂ | ⦂ | ⦂ | ⦂ |
| 3 | 4 | 2 | 6 |

100 のまとまりが
10 こあつまったら、
1000 のまとまりに
なるよ。

**1** 1000 を 5 こと、100 を 2 こと、10 を 7 こあわせた数を書きましょう。

**とき方** 1000 が 5 こで **5000** です。
5000 と 270 で **5270** です。

**めあて** 100 をあつめた数がわかるようになろう。　**れんしゅう❹❺**

**❀ 100 がいくつ**

十の位と一の位が 0 の数は、100 のいくつ分と
みることができます。

100 が 10 こで
1000 だね。

100 が 37 こ 〈 100 が 30 こ → 3000 〉 3700
　　　　　　 100 が 7 こ → 700

**2** 100 を 24 こあつめた数はいくつでしょうか。

**とき方** 100 が 20 こで 2000、100 が 4 こで **400** だから、
100 を 24 こあつめた数は **2400** です。

## ぴったり2　95ページ

**①** つぎの数を書きましょう。　教科書 74ページ①、75ページ③・④

① 1000 を 8 こと、100 を 1 こと、
10 を 4 こと、1 を 6 こあわせた数

（ **8146** ）

**まちがいちゅうい**

② 1000 を 6 こと、10 を 5 こと、
1 を 9 こあわせた数

（ **6059** ）

**②** つぎの数をよみましょう。　教科書 74ページ②、75ページ④

① 4750　　　　② 2603

（四千七百五十）　（二千六百三）

**③** □にあてはまる＞か＜のしるしを書きましょう。　教科書 75ページ⑤

① 4934 **＞** 4929　　② 8473 **＞** 8470

**④** 100 をつぎの数だけあつめた数を答えましょう。　教科書 76ページ❸・④

① 26 こ　　　　② 73 こ

（ **2600** ）　　（ **7300** ）

**⑤** つぎの数は、100 を何こあつめた数でしょうか。　教科書 76ページ❹・④

① 5400　　　　② 9000

（ **54 こ** ）　　（ **90 こ** ）

## ぴったり1　96ページ

つぎの□にあてはまる数を書きましょう。

**めあて** 一万の大きさがわかるようになろう。　**れんしゅう❶❷**

**❀ 一万**

1000 を 10 こあつめた数を一万といい、
10000 と書きます。

9998, 9999,
10000, …。

**1** 10000 より 10 小さい数はいくつでしょうか。

**とき方** 1 めもりを 1 として、数の線に
あらわしてみると、
10000 より 10 小さい数は
**9990** です。

9980　9990　10000
　　　　　　↑
　　　　10 小さい

**めあて** 何百のたし算ができるようになろう。　**れんしゅう❸**

**❀ 800＋400 の計算のしかた**

100 のまとまりで考えます。
8＋4＝12 だから、100 が 12 こになります。

800 は 100 の
まとまりが 8 こ、
400 は 100 の
まとまりが 4 こ。

100×8 | 100×4

800＋400＝1200
　　8＋4

100 が 8＋4＝12（こ）で
1200 だね。

**2** 計算をしましょう。

(1) 500＋900　　(2) 700＋600

**とき方** 100 が何こになるかを考えます。

(1) 5＋9＝14 だから、500＋900＝**1400**

(2) 7＋6＝13 だから、700＋600＝**1300**

千の位に
くり上がる
たし算だね。

## ぴったり2　97ページ

**①** □にあてはまる数を書きましょう。　教科書 78ページ④

① 10000 より 1 小さい数は **9999** です。

② 10000 より 100 小さい数は **9900** です。

③ 9990 より 10 大きい数は **10000** です。

**まちがいちゅうい**

④ 100 を 100 こあつめた数は **10000** です。

**・よくみて**

**②** 下の数の線を見て答えましょう。　教科書 78ページ④

4000　5000　6000　7000　8000　9000　10000

① 6000 より 400 大きい数　（ **6400** ）

② 8000 より 200 小さい数　（ **7800** ）

**③** 計算をしましょう。　教科書 79ページ④

① 600＋500　**1100**　　② 500＋800　**1300**

③ 700＋700　**1400**　　④ 800＋300　**1100**

⑤ 300＋900　**1200**　　⑥ 900＋600　**1500**

---

## ぴったり1

**🏠 おうちのかたへ**

千の位の数字は 1000 の集まりの数を、
百の位の数字は 100 の集まりの数を表
していることを理解させましょう。

## ぴったり2

**❶** ②1000 が 6 こ　→　6000
　　　10 が 5 こ　→　　50
　　　1 が 9 こ　→　　　9
　　　　　あわせて　6059

**❷** ②

| 千の位 | 百の位 | 十の位 | 一の位 |
|---|---|---|---|
| 2 | 6 | 0 | 3 |
| 二千 | 六百 | | 三 |

└0 の位はよみません

**❸** ①十の位でくらべます。
　②一の位でくらべます。

**❹** ①100 が 20 こで 2000、100 が
　6 こで 600 だから、100 が 26
　こで 2600。

**❺** ①5000 は 100 が 50 こ、400
　は 100 が 4 こだから、5400 は
　100 が 54 こ。

## ぴったり1

**🏠 おうちのかたへ**

万の位はまだ学びませんが、10000 を
「1000 を 10 個集めた数」として認識
させてください。

## ぴったり2

**❶** 1000 を 10 こあつめた数を一万と
いい、10000 と書きます。10000
は、9999 より 1 大きい数です。

④100 が 10 こで 1000、1000
が 10 こで 10000 だから、100
が 100 こで 10000 になります。

**❷** 数の線をつかって、考えましょう。

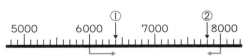

**❸** 何百の計算は、100 のまとまりで
考えます。

①600＋500＝1100
　　6＋5＝11

⑤300＋900＝1200
　　3＋9＝12

**⏱ しあげの5分レッスン**

何百＋何百の計算は、100 のまとまり
で計算し、100 が何こ分になるかを考
えよう。

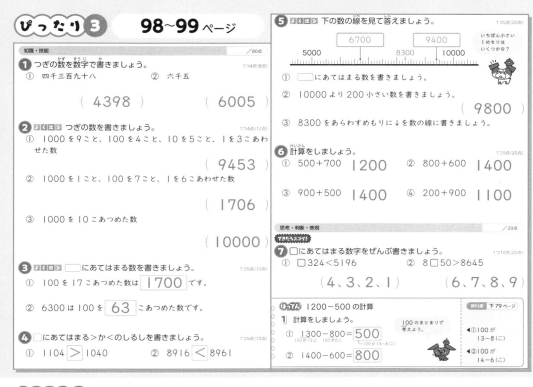

**ぴったり3　98〜99ページ**

知識・技能　　　/80点

❶ つぎの数を数字で書きましょう。　1つ4点(8点)
① 四千三百九十八　　② 六千五

（ 4398 ）　　（ 6005 ）

❷ つぎの数を書きましょう。　1つ4点(12点)
① 1000を9こと、100を4こと、10を5こと、1を3こあわせた数

（ 9453 ）

② 1000を1こと、100を7こと、1を6こあわせた数

（ 1706 ）

③ 1000を10こあつめた数

（ 10000 ）

❸ □にあてはまる数を書きましょう。　1つ5点(10点)
① 100を17こあつめた数は 1700 です。

② 6300は100を 63 こあつめた数です。

❹ □にあてはまる＞か＜のしるしを書きましょう。　1つ5点(10点)
① 1104 ＞ 1040　　② 8916 ＜ 8961

❺ 下の数の線を見て答えましょう。　1つ5点(20点)

6700　　9400
5000　　　8300　　10000

いちばん小さい1めもりはいくつかな？

① □にあてはまる数を書きましょう。

② 10000より200小さい数を書きましょう。

（ 9800 ）

③ 8300をあらわすめもりに↓を数の線に書きましょう。

❻ 計算をしましょう。　1つ5点(20点)
① 500＋700　1200　　② 800＋600　1400

③ 900＋500　1400　　④ 200＋900　1100

思考・判断・表現　　　/20点

すてたらスゴイ！

❼ □にあてはまる数字をぜんぶ書きましょう。　1つ10点(20点)
① □324＜5196　　② 8□50＞8645

（ 4、3、2、1 ）　　（ 6、7、8、9 ）

ぴてん　1200−500の計算　　教科書　下79ページ

1 計算をしましょう。

100のまとまりで考えよう。

① 1300−800＝ 500
100が13こ　100が8こ

◀①100が
13−8(こ)

② 1400−600＝ 800

◀②100が
14−6(こ)

---

**ぴったり3**

❶ ②
| 千の位 | 百の位 | 十の位 | 一の位 |
|---|---|---|---|
| 六千 | | | 五 |
| 6 | 0 | 0 | 5 |

—0を書きます

❷ ①9000と400と50と3で9453。

②1000と700と6で1706。十の位の0をわすれないようにしましょう。

❸ ①100が10こで1000、100が7こで700だから、100が17こで1700。

②6000は100が60こ、300は100が3こだから、6300は100が63こ。

❹ ①千の位は1で同じなので、百の位でくらべます。

②千の位は8、百の位は9で同じなので、十の位でくらべます。

❺ 数の線の大きい1めもりは1000を、小さい1めもりは100をあらわしています。

①左の□は、6000と7めもり（700）で6700。右の□は、

9000と4めもり（400）で9400。

②数の線をつかって、10000から小さいめもり2つ分もどっためもりがいくつか考えます。

③8300は、5000から大きなめもり3つ分すすんだ8000のめもりから、小さいめもり3つ分すすんだところです。

❻ 100のまとまりで考えましょう。
①100が、5＋7＝12（こ）で1200。
②100が、8＋6＝14（こ）で1400。
③100が、9＋5＝14（こ）で1400。
④100が、2＋9＝11（こ）で1100。

❼ ①□が5のとき、⑤324＞5196、□が4のとき、④324＜5196だから、□には4か、4より小さい数があてはまります。

②□が5のとき、8⑤50＜8645、□が6のとき、8⑥50＞8645だから、□には6か、6より大きい数があてはまります。

**はってん**

1 何百のたし算と同じように、100のまとまりで考えます。
①1300−800＝500
13−8＝5
②1400−600＝800
14−6＝8

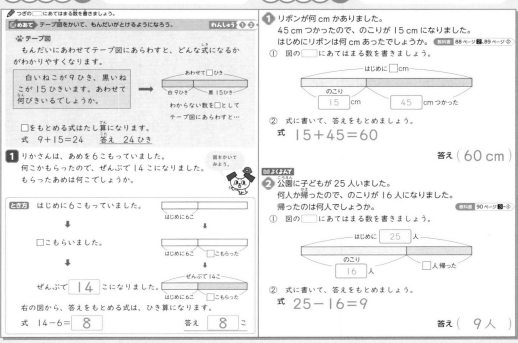

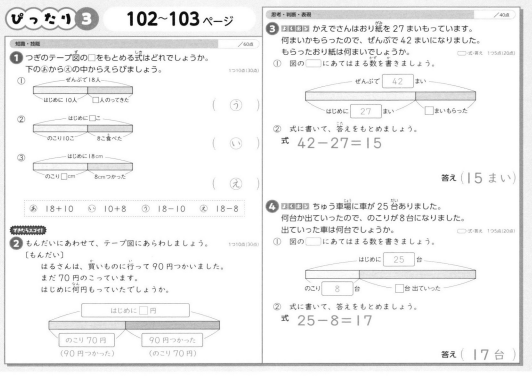

## ぴったり①

### 🏠 おうちのかたへ

文章題を図に表すと、数の関係がわかりやすくなり、どんな式をつくればよいかがわかるようになります。できれば、自分で図がかけるようになるまでくり返し練習させましょう。

## ぴったり②

❶ ②①の図から、「はじめのリボンの長さ」はたし算でもとめられることがわかります。

　　のこりの長さ＋つかった長さ
　　＝はじめの長さ

❷ ②①の図から、「帰った人数」はひき算でもとめられることがわかります。

　　はじめの人数ーのこりの人数
　　＝帰った人数

## ぴったり③

❶ ①式はひき算になります。
　　ぜんぶの数（18）ーはじめの数（10）
　②式はたし算になります。
　　のこりの数（10）＋食べた数（8）
　③式はひき算になります。
　　はじめの数（18）ーつかった数（8）

❷ わからない数は□とします。
テープ全体ははじめにもっていたお金をあらわすので、「はじめに□円」とします。右のほうを「つかったお金」にすると、左のほうは「のこったお金」になります。

❸ ②①の図から、「もらったおり紙のまい数」はひき算でもとめられることがわかります。
　　ぜんぶのまい数ーはじめのまい数

❹ ②①の図から、「出ていった車の台数」はひき算でもとめられることがわかります。
　　はじめの台数ーのこりの台数

## ぴったり❶  104ページ

◆つぎの□にあてはまる数を書きましょう。

◎めあて 同じ大きさに分けた1分のあらわし方がわかるようになろう。  れんしゅう❶❷

**◆分数**

同じ大きさに2つに分けた1つ分を、もとの大きさの二分の一といい、$\frac{1}{2}$ と書きます。

同じ大きさに分けることを等分するといい、$\frac{1}{2}$ は、もとの大きさを2等分した1つ分の大きさです。

$\frac{1}{2}$ や $\frac{1}{4}$ のようにあらわした数を、分数といいます。

4等分した大きさを、もとの大きさの四分の一といい、$\frac{1}{4}$と書くよ。

**1** 色をぬったところの大きさは、もとの大きさの何分の一でしょうか。分数で書きましょう。

(1)　　　　　　　(2)

とき方 (1) もとの大きさを2等分した1つ分の大きさだから、二分の一といい、$\frac{1}{2}$ と書きます。

(2) もとの大きさを 4 等分した1つ分の大きさです。

$\frac{1}{4}$ と書きます。

## ぴったり❷  105ページ

1 色をぬったところが、もとの大きさの $\frac{1}{2}$ になっている図をすべてえらびましょう。  教科書 95ページ①

あ　　い　　う

え　　お　　か

(う、え、か)

◆ふくみて
2 色をぬったところが、もとの長さの $\frac{1}{3}$ になっている図はどれでしょうか。  教科書 96ページ②

あ　い　う

( う )

3 つぎの大きさになるように色をぬりましょう。  教科書 96ページ①

① もとの大きさの $\frac{1}{4}$
(れい)

② もとの大きさの $\frac{1}{8}$
(れい)

$\frac{1}{8}$ は、もとの大きさを8等分した1つ分だね。

## ぴったり❸  106ページ

知識・技能  /100点

1 よく凹る 色をぬったところの大きさは、もとの大きさの何分の一でしょうか。分数で書きましょう。  1つ15点(60点)

①  ( $\frac{1}{4}$ )　　②  ( $\frac{1}{2}$ )

③  ( $\frac{1}{2}$ )　　④  ( $\frac{1}{8}$ )

2 よく凹る つぎの大きさになるように色をぬりましょう。  1つ10点(30点)

① $\frac{1}{2}$ (れい)　② $\frac{1}{4}$ (れい)　③ $\frac{1}{8}$ (れい)

できたらスゴイ!
3 $\frac{1}{3}$ の大きさを何倍すると、もとの大きさになるでしょうか。  (10点)

( 3倍 )

29

**ぴったり❶**

🏠 おうちのかたへ

分数の導入の学習です。分数とはどんな数なのかをしっかり理解させましょう。

**ぴったり❷**

❶ 同じ大きさの2つに分けた1つ分(もとの大きさの半分)に色がぬられているものをえらびます。2つに分けられていても、同じ大きさに分けられていないと、$\frac{1}{2}$ にはなりません。

❷ 同じ大きさに3つに分けられた1つ分(もとの大きさの $\frac{1}{3}$)に色がぬられているものをえらびます。あとといは3等分されていません。

❸ ①図は4等分されているので、1つ分だけ色をぬります。どこをぬってもかまいません。

②図は8等分されているので、1つ分だけ色をぬります。どこをぬってもかまいません。

⏱ しあげの5分レッスン
同じ大きさの分け方はいろいろあります。形はちがっても、等分に分けてあれば分数であらわすことができます。

**ぴったり❸**

❶ ①もとの大きさを4等分した1つ分です。

②もとの大きさを2等分した1つ分です。

③もとの大きさを2等分した1つ分です。

④もとの大きさを8等分した1つ分です。

❷ ①図は2等分されているので、1つ分だけ色をぬります。どこをぬってもかまいません。

②図は4等分されているので、1つ

分だけ色をぬります。どこをぬってもかまいません。

③図は8等分されているので、1つ分だけ色をぬります。どこをぬってもかまいません。

❸ もとの大きさを3等分した1つ分が $\frac{1}{3}$ なので、3倍するともとの大きさになります。

## お楽しみ会で算数

### 107ページ

> **①** 5人ずつ3れつにならびます。何人ならぶでしょうか。
> （ 15人 ）

> **②** あと10分で休み時間です。休み時間は何時何分にはじまるでしょうか。
> （ 10時55分 ）

> **③** りんごとみかんを1こずつ買います。何円になるでしょうか。
> （ 123円 ）

> **④** おめんを1こ作るのに、テープを9cmつかいます。おめんを6こ作るのに、テープを何cmつかうでしょうか。
> （ 54cm ）

> 何算をつかえばいいかな？

**①** 5人の3れつ分なので、かけ算でもとめます。

5×3＝15（人）

**②** 時計は、みじかいはりが10と11の間、長いはりは「9」をさしているので、10時45分です。その時こくから10分たった時こくに休み時間がはじまるので、10時55分になります。

**③** あわせたねだんをもとめるので、式はたし算です。

85＋38＝123（円）

**④** 9cmの6こ分なので、かけ算でもとめます。長さもかけ算の式がつかえます。

9×6＝54（cm）

---

## 活用 算数をつかって考えよう

### 108ページ

> **①** りかさんは、日曜日から金曜日までのお手つだいの回数を、グラフにあらわしました。
>
> ① お手つだいの回数がいちばん多かった日と、いちばん少なかった日では、何回ちがうでしょうか。
> （ 2回 ）
>
> ② りかさんは、土曜日に、木曜日の3倍の回数のお手つだいをするつもりです。
> 何回お手つだいをすればよいでしょうか。
> 式 3×3＝9
> 答え （ 9回 ）

**お手つだいの回数**

| 日 | 月 | 火 | 水 | 木 | 金 | 土 |
|---|---|---|---|---|---|---|

> **はってん**
> **②** ①のグラフを見て、日曜日から金曜日までのお手つだいの回数をくふうしてもとめましょう。
> 式
> （れい）4×6＝24
>
> ○を分けたり、いどうしたりして、同じ数のまとまりをつくってみよう。九九をつかってもとめられそうだよ。
>
> 答え （ 24回 ）

**①** ①グラフを見ると、回数がいちばん多かった日は、5回の日曜日と月曜日です。いちばん少なかった日は、3回の木曜日と金曜日です。5回と3回のちがいなので、

5－3＝2（回）。

②木曜日の回数は3回なので、それをもとにかけ算でもとめます。

**②** もとめ方はいろいろあります。

（れい1）
5×2＝10
4×2＝8
3×2＝6
10＋8＋6＝24（回）

（れい2）
5×3＝15
3×3＝9
15＋9
＝24（回）

（れい3）
5×6＝30
2×3＝6
30－6
＝24（回）

## まとめのテスト　109ページ

❶ つぎの数を書きましょう。 1つ4点(16点)

① 1000を3こと、100を6こと、1を8こあわせた数
（ 3608 ）

② 100を29こあつめた数
（ 2900 ）

③ 10000より100小さい数
（ 9900 ）

④ 1000を10こあつめた数
（ 10000 ）

❷ □ にあてはまる数を書きましょう。 1つ4点(16点)

| ①1000 | ②7000 |
| --- | --- |

0　2000　4000　6000　8000

| ③6400 | ④8700 |
| --- | --- |

6000　7000　8000　9000

❸ □ にあてはまる>か<のしるしを書きましょう。 1つ4点(8点)

① 1907 ＜ 2017

② 6464 ＞ 6459

❹ 計算をしましょう。 1つ5点(40点)

① 53+39　92

② 96+54　150

③ 767+8　775

④ 613+67　680

⑤ 87−29　58

⑥ 145−78　67

⑦ 104−96　8

⑧ 662−46　616

❺ 28円のガムと、64円のドーナツを買います。式・答え 1つ5点(20点)

① あわせて何円でしょうか。
式　28+64＝92

答え（ 92 円 ）

② 100円玉を出すと、おつりは何円でしょうか。
式　100−92＝8

答え（ 8 円 ）

---

6000と4めもり(400)で6400。

④8000と7めもり(700)で8700。

❸ 数の大きさをくらべるときは、大きい位からじゅんに数字の大きさをくらべていきます。

①千の位でくらべます。

②十の位でくらべます。

❹ くり上がり、くり下がりにちゅういして計算しましょう。

①
```
  1
  5 3
+ 3 9
-----
  9 2
```

②
```
  1
  9 6
+ 5 4
-----
1 5 0
```

③
```
    1
  7 6 7
+     8
-------
  7 7 5
```

④
```
    1
  6 1 3
+   6 7
-------
  6 8 0
```

⑤
```
  7 1
  8 7
− 2 9
-----
  5 8
```

⑥
```
  3 1
  4 5
− 7 8
-----
  6 7
```

⑦
```
  9 1
  0 4
−   9 6
-------
      8
```

⑧
```
  5 1
  6 2
−   4 6
-------
  6 1 6
```

❺ ①「あわせて何円」なので、たし算です。
```
  2 8
+ 6 4
-----
  9 2
```

② 100円から、ガムとドーナツをあわせただい金をひきます。
```
  9 1
  0 0
−   9 2
-------
      8
```

100−28−64＝8(円)としてもよいです。

---

## まとめのテスト　110ページ

❶ 計算をしましょう。 1つ5点(30点)

① 4×8　32

② 5×6　30

③ 3×9　27

④ 8×7　56

⑤ 9×8　72

⑥ 7×3　21

❷ 1ふくろに6こずつ入ったクッキーが7ふくろあります。クッキーはぜんぶで何こあるでしょうか。式・答え 1つ10点(20点)

式　6×7＝42

答え（ 42 こ ）

❸ 色をぬったところの大きさは、もとの大きさの何分の一でしょうか。 (10点)

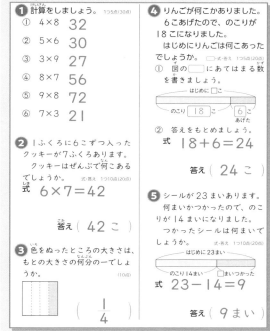

（ $\frac{1}{4}$ ）

❹ りんごが何こかありました。6こあげたので、のこりが18こになりました。はじめにりんごは何こあったでしょうか。 式・答え 1つ5点(20点)

① 図の □ にあてはまる数を書きましょう。

| はじめに□こ | |
| --- | --- |
| のこり 18 こ | 6 こ あげた |

② 答えをもとめましょう。
式　18+6＝24

答え（ 24 こ ）

❺ シールが23まいあります。何まいかつかったので、のこりが14まいになりました。つかったシールは何まいでしょうか。 式・答え 1つ10点(20点)

| はじめに23まい | |
| --- | --- |
| のこり14まい | □まいつかった |

式　23−14＝9

答え（ 9 まい ）

---

❶ ①3000と600と8で3608。十の位の数字は0になります。

②100が20こで2000、100が9こで900だから、100が29こで2900。

❷ ①1めもりは1000をあらわします。

②6000より1000大きい数なので、7000になります。

③大きい1めもりは1000、小さい1めもりは100をあらわします。

---

❶ かけ算九九は、くりかえしれんしゅうしましょう。

❷ 6この7ふくろ分なので、かけ算でクッキーの数をもとめます。

❸ 4等分した1つ分なので、$\frac{1}{4}$です。

❹ ②①の図から、「はじめにあったりんごの数」は、たし算でもとめられることがわかります。

　のこりの数＋あげた数
　＝はじめの数

❺ 図から、「つかったシールのまい数」

は、ひき算でもとめられることがわかります。

　はじめのまい数−のこりのまい数
　＝つかったまい数

① □にあてはまる数を書き
ましょう。
1つ5点(20点)
① 400 cm = [4] m
② 2m3cm = [203] cm
③ 6000 mL = [6] L
④ 3L7dL = [3700] mL

② 計算をしましょう。
1つ5点(20点)
① 3m17cm＋2m
　5m17cm
② 1m80cm－65cm
　1m15cm
③ 2L4dL＋5L
　7L4dL
④ 4L9dL－3dL
　4L6dL

③ 水がペットボトルに400mL、
コップに200mL入っていま
す。
1つ5点(10点)
① あわせて何mLでしょうか。

（600 mL）

② ちがいは何mLでしょうか。

（200 mL）

④ つぎの形のまわりの長さは
何cmでしょうか。
1つ10点(20点)
① 長方形
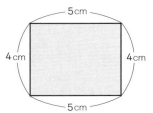
（18 cm）

② 正方形

（36 cm）

⑤ 右のような
さいころの形
があります。
1つ10点(30点)
① 面の形はどんな形でしょう
か。

（正方形）

② 辺とちょう点は、それぞれ
いくつあるでしょうか。

辺（　12　）
ちょう点（　8　）

④ 4L9dL－3dL＝4L6dL

③ 水のかさも、計算でもとめることが
できます。何百と何百の計算なので、
100のまとまりの数の計算で答え
をもとめましょう。

①400 mL＋200 mL＝600 mL
　　　100 mL が4＋2＝6

②400 mL－200 mL＝200 mL
　　　100 mL が4－2＝2

④ ①長方形は、むかい合っている辺の
長さが同じです。
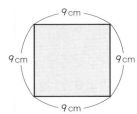

4 cm＋5 cm＋4 cm＋5 cm
＝18 cm

②正方形は、4つの辺の長さがみん
な同じです。

9×4＝36（cm）

⑤ ②さいころの形も、はこの形も、辺
は12、ちょう点は8、面は6あ
ります。

① 朝、家を出た時こくと、夜、
はみがきをした時こくを、午前
か午後をつけて答えましょう。
1つ10点(20点)
①
（午前8時15分）

②
（午後8時40分）

② □にあてはまる数を書き
ましょう。
1つ5点(20点)
① 1時間＝[60]分
② 1時間20分＝[80]分
③ 70分＝[1]時間[10]分

③ 花の数をしらべます。
②③1もん15点、①④⑤1つ10点(60点)
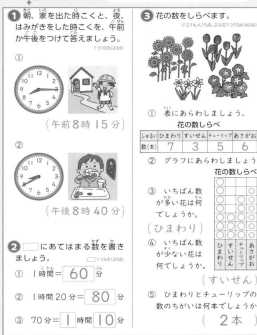
① 表にあらわしましょう。

② グラフにあらわしましょう。

③ いちばん数
が多い花は何
でしょうか。
（ひまわり）

④ いちばん数
が少ない花は
何でしょうか。
（すいせん）

⑤ ひまわりとチューリップの
数のちがいは何本でしょうか。
（2本）

花の数しらべ

| しゅるい | ひまわり | すいせん | チューリップ | あさがお |
|---|---|---|---|---|
| 数(本) | 7 | 3 | 5 | 6 |

① ①100 cm＝1m
　②2m＝200cmだから、2m3cm
　　は200cmと3cmで203cm。
　③1000mL＝1L
　④1dL＝100mL です。
　　3L＝3000mL、7dL＝700mL
　　だから、3L7dLは、3000mL
　　と700mLで3700mL。

② ①3m17cm＋2m＝5m17cm
　②1m80cm－65cm＝1m15cm
　③2L4dL＋5L＝7L4dL

① ①朝だから、午前です。
　②夜だから、午後です。
② 1時間＝60分をもとにして考えま
　しょう。
　②1時間と20分は、60分と20
　　分なので80分。
　③70分は、60分と10分なので、
　　1時間10分。
③ ①数を数えるときは、数えまちがい
　やかさなりがないように、えんぴ
　つでしるしをつけながら数えるよ
　うにしましょう。

②表の数と同じ数だけ、それぞれ下
からじゅんに○をかきます。
③いちばん多い数は7だから「ひま
わり」です。②でかいたグラフを
見るとひとめでわかります。
④いちばん少ない数は3だから「す
いせん」です。
⑤表から、7－5＝2。
また、グラフから、2つの花の○
の高さをくらべて、とび出た○の
数を数えます。

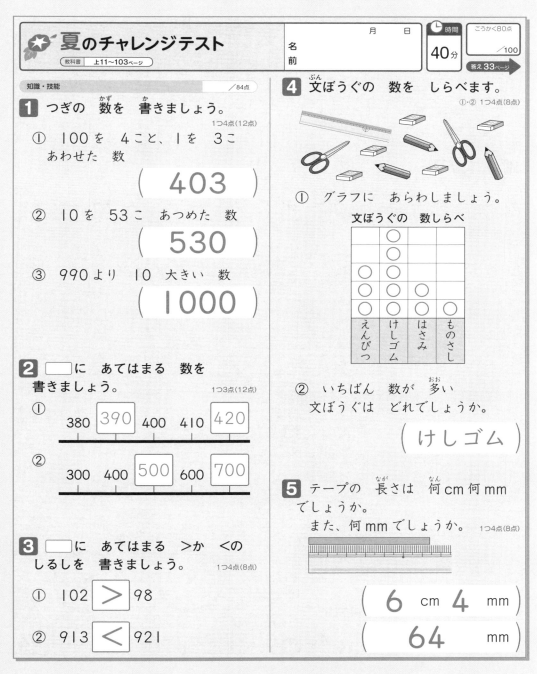

# ✿ 夏のチャレンジテスト

教科書 上11〜103ページ

名前

**知識・技能** ／84点

## 1 つぎの 数を 書きましょう。
1つ4点(12点)

① 100を 4こと、1を 3こ あわせた 数

( 403 )

② 10を 53こ あつめた 数

( 530 )

③ 990より 10 大きい 数

( 1000 )

## 2 □に あてはまる 数を 書きましょう。
1つ3点(12点)

①

380 [390] 400 410 [420]

②

300 400 [500] 600 [700]

## 3 □に あてはまる ＞か ＜の しるしを 書きましょう。
1つ4点(8点)

① 102 [＞] 98

② 913 [＜] 921

## 4 文ぼうぐの 数を しらべます。
①・② 1つ4点(8点)

① グラフに あらわしましょう。

文ぼうぐの 数しらべ

| | ○ | | |
|---|---|---|---|
| | ○ | | |
| ○ | ○ | | |
| ○ | ○ | ○ | |
| ○ | ○ | ○ | ○ |
| えんぴつ | けしゴム | はさみ | ものさし |

② いちばん 数が 多い 文ぼうぐは どれでしょうか。

( けしゴム )

## 5 テープの 長さは 何cm何mm でしょうか。 また、何mm でしょうか。
1つ4点(8点)

( 6 cm 4 mm )

( 64 mm )

**1** ①100が4こで400、1が3こで3 だから、403になります。
②10が50こで500、10が3こ で30だから、10が53こ で530。

**2** めもり1つ分がいくつをあらわして いるかを、まずしらべましょう。
①400のとなりが410なので、 1めもりは10。
②300のとなりが400なので、 1めもりは100。

**3** ①102は100より大きく、98は 100より小さい数であることか らわかります。
②百の位は9で同じだから、十の位 でくらべます。

**4** ①えんぴつでしるしをつけながら、 グラフに○であらわしましょう。 ○は下からかきます。
②グラフから、○の高さがいちばん 高いものが数が多いことになりま す。

**5** 1cmが6こ分（6cm）と1mmが 4こ分で6cm4mmです。 6cm＝60mmだから、6cm4mm は、60mmと4mmで64mmです。

**6** なつみさんが 本を 読んで いた
時間は 何分間でしょうか。 (4点)

（35 分間）

**7** 計算を しましょう。 1つ4点(24点)
① 46+39 **85**

② 65+98 **163**

③ 515+46 **561**

④ 94-37 **57**

⑤ 113-58 **55**

⑥ 365-8 **357**

**8** くふうして 計算しましょう。
1つ4点(8点)
① 19+24+6 **49**

② 18+57+22 **97**

---
思考・判断・表現 ／16点

**9** 本だなに 本が 95さつ あります。
新しく 28さつ 買うと、本は
ぜんぶで 何さつに なるでしょうか。
式・答え 1つ4点(8点)

式 **95+28=123**

答え **123 さつ**

**10** おり紙が 104まい ありました。
この うち 16まい つかいました。
のこった おり紙は
何まいでしょうか。
式・答え 1つ4点(8点)
式
**104-16=88**

答え **88 まい**

---

**6** 4時から4時35分まで本を読んで
いました。長いはりが35めもりす
すんでいるので35分間です。

**7** くり上がり、くり下がりにちゅうい
しましょう。

① 
```
   1
   4 6
 + 3 9
 ─────
   8 5
```
② 
```
   1
   6 5
 + 9 8
 ─────
 1 6 3
```
③ 
```
   1
   5 1 5
 +   4 6
 ───────
   5 6 1
```
④ 
```
   8 1
   9̸ 4̸
 -   3 7
 ───────
     5 7
```
⑤ 
```
   1 0 1
   1̸ 1̸ 3
 -   5 8
 ───────
     5 5
```
⑥ 
```
     5 1
   3 6̸ 5
 -     8
 ───────
   3 5 7
```

**8** ①19+(24+6)＝19+30＝49
②18+57+22
　＝(18+22)+57＝97

**9** 筆算は、下のようになります。
```
   1
   9 5
 + 2 8
 ─────
 1 2 3
```

**10** 筆算は、下のようになります。
```
   9 1
   1̸ 0̸ 4
 -   1 6
 ───────
     8 8
```

## 冬のチャレンジテスト

教科書　上106～下54ページ

名前

月　日

時間 40分

こうかく80点 ／100

答え 35ページ →

知識・技能 ／68点

### 1 □にあてはまる数を書きましょう。
1もん4点(20点)

① 1L3dL= **13** dL

② 28dL= **2** L **8** dL

③ 4dL= **400** mL

④ 6m= **600** cm

⑤ 305cm= **3** m **5** cm

### 2 長方形、正方形、直角三角形を見つけましょう。
1つ4点(12点)

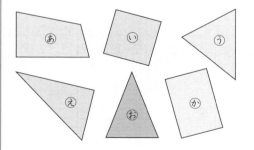

長方形（ **か** ）　正方形（ **い** ）

直角三角形（ **え** ）

### 3 かけ算の式にあらわします。
□にあてはまる数を書きましょう。
(4点)

**5** × **4**

### 4 計算をしましょう。
1つ4点(32点)

① 7×4　28

② 6×9　54

③ 2×6　12

④ 8×2　16

⑤ 9×5　45

⑥ 4×3　12

⑦ 3×8　24

⑧ 5×7　35

1 ①1L＝10dL
　②28dL は、20dL（2L）と8dL
　　で2L8dL。
　③1dL＝100mL
　④1m＝100cm
　⑤305cm は、300cm（3m）と
　　5cm で、3m5cm。

2 正方形は、4つのかどがみんな直角
で、4つの辺の長さがみんな同じに
なっています。長方形とまちがえな
いようにしましょう。
　⑤と⑩は三角形ですが、直角のかど
がないので直角三角形ではありませ
ん。

3 5この4つ分だから、5×4とあら
わします。4×5とまちがえないよ
うにしましょう。

4 かけ算九九は、あんきするまでくり
かえしれんしゅうしましょう。

**5** １つの辺の長さが５cmの正方形が
あります。

1つ4点(8点)

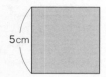

5cm

① 正方形に直角のかどはいくつある
でしょうか。

( 4 )

② 正方形のまわりの長さは何cmで
しょうか。

( 20 cm )

**6** 長いすが８つあります。
１つの長いすに６人ずつすわると、
ぜんぶで何人すわれるでしょうか。

式・答え 1つ4点(8点)

式　6×8＝48

答え( 48人 )

**7** みなとさんはシールを８まいもっ
ています。
お兄さんは、みなとさんの３倍の
シールをもっています。
お兄さんは、シールを何まいもって
いるでしょうか。

式・答え 1つ4点(8点)

式　8×3＝24

答え( 24まい )

**8** チョコレートは何こあるでしょうか。
くふうしてもとめましょう。

式・答え 1つ4点(8点)

式　(れい)6×2＝12
　　　　3×4＝12
　　　　12＋12＝24

答え( 24こ )

**5** ②正方形の４つの辺の長さはみんな
５cmです。５cmの４つ分だか
ら、かけ算の式でもとめることが
できます。
5×4＝20(cm)

**6** ６人の８つ分で、式は、
6×8＝48(人)
式を8×6としないようにちゅうい
しましょう。

**7** ３つ分のことを３倍といいます。
お兄さんは、８まいの３倍もってい
るから、式はかけ算で、
8×3＝24(まい)となります。

**8** (れい)の式は、下のように考えても
とめたものです。
つぎのように考えてもとめることも
できます。くふうしてもとめてみま
しょう。

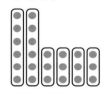

(れい１)

6×4＝24

(れい２)

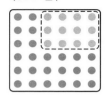

6×6＝36
3×4＝12
36−12＝24

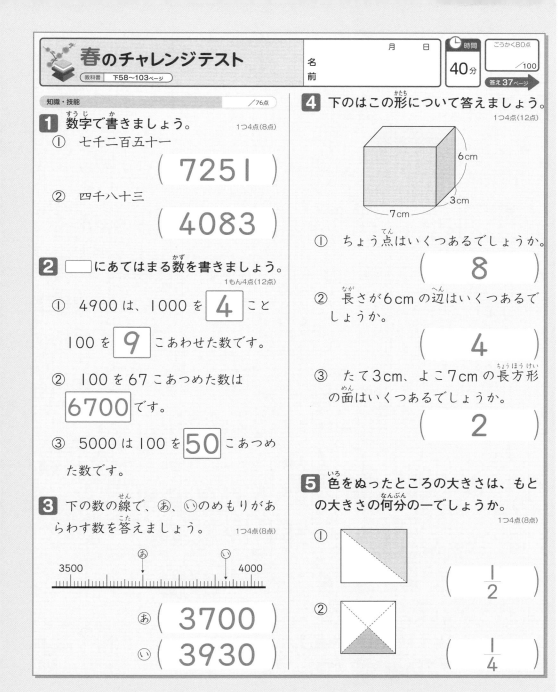

## 春のチャレンジテスト

教科書　下58〜103ページ

名前

月　日

⏱時間 40分

ごうかく80点 /100

答え37ページ ▶

知識・技能 /76点

### 1 数字で書きましょう。　1つ4点(8点)

① 七千二百五十一
（ 7251 ）

② 四千八十三
（ 4083 ）

### 2 □にあてはまる数を書きましょう。　1もん4点(12点)

① 4900は、1000を 4 ことと
100を 9 こあわせた数です。

② 100を67こあつめた数は
6700 です。

③ 5000は100を 50 こあつめ
た数です。

### 3 下の数の線で、㋐、㋑のめもりがあらわす数を答えましょう。　1つ4点(8点)

3500 ㋐ ㋑ 4000

㋐（ 3700 ）

㋑（ 3930 ）

### 4 下のはこの形について答えましょう。　1つ4点(12点)

6cm
3cm
7cm

① ちょう点はいくつあるでしょうか。
（ 8 ）

② 長さが6cmの辺はいくつあるでしょうか。
（ 4 ）

③ たて3cm、よこ7cmの長方形の面はいくつあるでしょうか。
（ 2 ）

### 5 色をぬったところの大きさは、もとの大きさの何分の一でしょうか。　1つ4点(8点)

①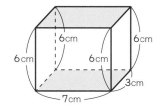
（ 1/2 ）

② 
（ 1/4 ）

---

**1** ②

| 千の位 | 百の位 | 十の位 | 一の位 |
|---|---|---|---|
| 四千 |  | 八十 | 三 |
| 4 | 0 | 8 | 3 |

←百の位に0を書く

**2** ①4900は、1000が4こと100が9こ。

②100が60こで6000、100が7こで700だから、100が67こで6700。

③100を10こあつめた数が1000だから、5000は100を50こあつめた数。

**3** 大きい1めもりは、500を5つに分けているから100をあらわします。小さい1めもりは、100を10に分けているから10をあらわします。

㋐3500より200大きい数で3700。

㋑3900と3めもり(30)で3930。

**4** ①どんなはこの形でも、ちょう点は8あります。

②下の図のように、4あります。

③色をつけた面で、2あります。

6cm
6cm
6cm
6cm
6cm
7cm
3cm

**5** ①もとの大きさを2等分した1つ分だから $\frac{1}{2}$

②もとの大きさを4等分した1つ分だから $\frac{1}{4}$

## 6 □にあてはまる数を書きましょう。
1つ4点(8点)

① 3×9の答えは、3×8の答えより **3** 大きいです。

② 5×7の答えは、7×**5**の答えと同じです。

## 7 答えが12になる九九をぜんぶ書きましょう。
(4点)

$$\left( \begin{array}{l} 2×6、3×4、\\ 4×3、6×2 \end{array} \right)$$

## 8 計算をしましょう。
1つ4点(16点)

① 8×11  **88**

② 10×5  **50**

③ 600+700  **1300**

④ 900+500  **1400**

---

## 9 みかんが何こかありました。8こ食べたので、のこりは17こになりました。
はじめにみかんは何こあったでしょうか。
テープ図の□にあてはまる数を書いて、答えをもとめましょう。

図・式・答え 1つ4点(12点)

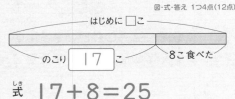

はじめに □ こ

のこり **17** こ　8こ食べた

式 **17+8=25**

答え（ **25** こ ）

## 10 バスに25人のっています。とちゅうで何人かのってきたので、ぜんぶで33人になりました。
とちゅうでのってきたのは何人でしょうか。
テープ図の□にあてはまる数を書いて、答えをもとめましょう。

図・式・答え 1つ4点(12点)

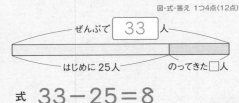

ぜんぶで **33** 人

はじめに25人　のってきた□人

式 **33-25=8**

答え（ **8人** ）

---

## 6 かけ算のきまりをつかいましょう。
①かける数が1ふえると、答えはかけられる数だけふえます。

3×8=24
1ふえる↓　　↓3ふえる
3×9=27

②かけられる数とかける数を入れかえても、答えは同じになります。

$$\underset{35}{5×7}=\underset{35}{7×5}$$

## 7 答えから九九がもとめられるようになりましょう。1つ見つけたら、かけられる数とかける数と入れかえれば、もう1つ見つかります。

## 8 ①かけ算のきまりをつかって答えをもとめます。

8× **9** =72
1ふえる↓　　↓8ふえる
8×10=80
1ふえる↓　　↓8ふえる
8×11=88

②10×5=5×10

5× **9** =45
1ふえる↓　　↓5ふえる
5×10=50

③100が、6+7=13(こ)で1300。

④100が、9+5=14(こ)で1400。

## 9 図から、式はたし算になります。
のこりの数+食べた数=はじめの数

## 10 図から、式はひき算になります。
ぜんぶの人数-はじめの人数
=のってきた人数

**1** つぎの 数を 書きましょう。

1つ3点(6点)

① 100を 3こ、1を 6こ あわせた数

（ 306 ）

② 1000を 10こ あつめた 数

（ 10000 ）

**2** 色を ぬった ところは もとの 大きさの 何分の一ですか。

1つ3点(6点)

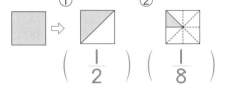

①　②

（ $\frac{1}{2}$ ）（ $\frac{1}{8}$ ）

**3** 計算を しましょう。

1つ3点(12点)

①　214
　＋ 57
　　271

②　546
　－ 27
　　519

③　4×8
　　　32

④　7×6
　　　42

**4** あめを 3こずつ 6つの ふくろに 入れると、2こ のこりました。あめは ぜんぶで 何こ ありましたか。

しき・答え 1つ3点(6点)

しき　3×6＋2＝20

答え（ 20こ ）

**5** すずめが 14わ いました。そこへ 9わ とんで きました。また 11わ とんで きました。すずめは 何わに なりましたか。とんで きた すずめを まとめて たす 考え方で 1つの しきに 書いて もとめましょう。

しき・答え 1つ3点(6点)

しき　14＋(9＋11)＝34

答え（ 34わ ）

**6** □に ＞か、＜か、＝を 書きましょう。

(2点)

25dL ＞ 2L

**7** □に あてはまる 長さの たんいを 書きましょう。

1つ3点(9点)

① ノートの あつさ…5 mm

② プールの たての 長さ…25 m

③ テレビの よこの 長さ…95 cm

**8** 右の 時計を みて つぎの 時こくを 書きましょう。

1つ3点(6点)

① 1時間あと（ 5時50分 ）

② 30分前（ 4時20分 ）

---

**1** ①100を 3こ あつめた 300と、6とで 306です。

②1000を 10こ あつめた 数は 10000です。

**2** ②もとの 大きさを 同じ 大きさに 8つに 分けた 1つ分 だから、$\frac{1}{8}$ です。

**3** ①②ひっ算は くらいを そろえて 計算します。くり上がりや くり下がりに ちゅういして、計算しましょう。

**4** 3こずつ 6つの ふくろに はいって いる あめの 数は、かけ算で もとめます。ぜんぶの 数は、ふくろに はいって いる 数と のこって いる 数を たした 数に なります。

3×6＋2＝18＋2＝20

**5** まとめて たす ときは、( )を つかって 1つの しきに あらわします。

14＋(9＋11)＝14＋20＝34

**6** 2L＝20dL だから、25dL＞20dL になります。

**7** それぞれの 長さを 思いうかべて 考えます。

1mm、1cm、1mが、およそ どれくらいの 長さかを おぼえて おきましょう。

**8** 時計は 4時50分を さして います。

②30分前は、時計の 長い はりを ぎゃくに まわして 考えます。

**9** つぎの 三角形や 四角形の 名前を 書きましょう。

1つ点3(9点)

① （ 直角三角形 ）

② （ 正方形 ）

③ （ 長方形 ）

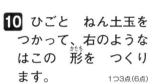

**10** ひごと ねん土玉を つかって、右のような はこの 形を つくります。

1つ3点(6点)

4cm
6cm
5cm

① ねん土玉は 何こ いりますか。

（ 8 こ ）

② 6cmの ひごは 何本 いりますか。

（ 4 本 ）

**11** すきな くだものしらべを しました。

すきな くだものしらべ

| すきな くだもの | りんご | みかん | いちご | スイカ |
|---|---|---|---|---|
| 人数(人) | 3 | 1 | 5 | 2 |

① りんごが すきな 人の 人数を、○を つかって、右の グラフに あらわしましょう。

② すきな 人が いちばん 多い くだものと、いちばん 少ない くだものの 人数の ちがいは 何人ですか。

（ 4 人 ）

すきな くだものしらべ

| | | | |
|---|---|---|---|
| | | ○ | |
| | | ○ | |
| | | ○ | |
| ○ | | ○ | ○ |
| ○ | | ○ | ○ |
| ○ | ○ | ○ | ○ |
| りんご | みかん | いちご | スイカ |

1つ4点(8点)

---

**活用力をみる**

**12** さいころを 右のように して、かさなりあった 面の目の 数を たすと 9に なるように つみかさねます。

さいころは むかいあった 面の 目の 数を たすと、7に なっています。図の ⑤〜⑤に あてはまる 目の 数を 書きましょう。

1つ4点(12点)

⑤…**6**  ⑤…**3**  ⑤…**4**

**13** ゆうまさんは、まとあてゲームを しました。3回 ボールを なげて、点数を 出します。①しき・答え 1つ3点、②1つ3点(12点)

① ゆうまさんは あと 5点で 30点でした。ゆうまさんの 点数は 何点でしたか。

しき 30−5＝25

答え （ 25 点 ）

② ゆうまさんの まとは 下の ⑤、⑤の どちらですか。その わけも 書きましょう。

⑤
5点
10点
20点

⑤
5点
10点
20点

ゆうまさんの まとは  です。

わけ （ (れい)⑤の まとは 35点、⑤の まとは 25点 だから。

---

**9** へんの 数や 長さ、かどの 形に ちゅういして 考えます。

①1つの かどが 直角に なっている 三角形だから、直角三角形です。

②かどが みんな 直角で、へんの 長さが みんな 同じ 四角形だから、正方形です。

③かどが みんな 直角に なっていて、むかいあう 2つの へんの 長さが 同じだから、長方形です。

**10** ねん土玉は ちょう点、ひごは へんを あらわします。図を よく 見て 答えます。

**11** ②すきな 人が いちばん 多い くだものは いちごで 5人、いちばん 少ない くだものは みかんで 1人です。ちがいは、5−1＝4で、4人です。

**12** 右の 図の ように なります。かさね方の きまりを、もんだい文から 読みとりましょう。

⑤7−1＝6
⑤9−6＝3
⑤7−3＝4

**13** それぞれの まとの 点数を、計算で もとめます。

わけは、⑤と ⑤の まとの 点数を それぞれ もとめ、⑤の まとが 「25点だから」「30点に 5点たりないから」という わけが 書けていれば 正かいです。